大学生嵌入式系统专题邀请赛
优秀作品选编

（第五届）

大学生嵌入式系统专题邀请赛组委会　组编

上海交通大学出版社

内 容 提 要

"大学生嵌入式系统专题邀请赛"由教育部高等教育司、工业和信息化部人事教育司主办,旨在培养学生的综合能力和创新精神,促进境内外高校之间的交流。第五届邀请赛共有来自中国、美国、新加坡、土耳其、香港特别行政区等9个国家和地区的76所顶尖学府、165支参赛队伍参加了比赛。

编入本书的仅是第五届大学生嵌入式系统专题邀请赛中获得一等奖和二等奖的27篇作品。作品采用英特尔最领先的 Intel$^?$ Atom$^□$ 处理器的嵌入式平台,由参赛学生自主选题、自主设计,在中国传统艺术的传承、手势识别、人机交互、机器人、安全辅助系统、节能减排等多个领域提交了一大批富有创意和密切联系实际的设计作品。每篇作品均附有"评审意见"。

图书在版编目(CIP)数据

大学生嵌入式系统专题邀请赛优秀作品选编. 第五届 / 大学生嵌入式系统专题邀请赛组委会组编. -- 上海:上海交通大学出版社,2011
 ISBN 978-7-313-06307-6

Ⅰ.①大… Ⅱ.①大… Ⅲ.①微型计算机—系统设计—文集 Ⅳ.①TP360.21-53

中国版本图书馆 CIP 数据核字(2010)第 033638 号

大学生嵌入式系统专题邀请赛优秀作品选编
(第五届)
大学生嵌入式系统专题邀请赛组委会 组编
上海交通大学出版社出版发行
(上海市番禺路 951 号 邮政编码 200030)
电话:64071208 出版人:韩建民
上海颛辉印刷厂印刷 全国新华书店经销
开本:787mm□1092mm 1/16 印张:15 字数:362 千字
2010 年 3 月第 1 版 2011 年 11 月第 2 版 2011 年 11 月第 2 次印刷
印数:1500
ISBN 978-7-313-06307-6/TP 定价:38.00 元
版权所有 侵权必究

告读者:本书如有印装质量问题请与印刷厂质量科联系
联系电话:021-57602918

第五届英特尔杯大学生电子设计竞赛
嵌入式系统专题邀请赛组委会名单

主　　任：	王　越	北京理工大学名誉校长、两院院士
副 主 任：	张尧学	国务院学位委员会办公室主任、工程院院士
	刘　桔	教育部高等教育司副司长
	尹卫军	工业和信息化部人事司副司长
	李志宏	教育部评估中心副主任
	葛程远	中国电子教育学会理事长
	戈　峻	英特尔中国董事总经理
	王　奇	上海市教育委员会副主任
	印　杰	上海市教委副主任、教授
	黄　震	上海交通大学副校长、教授
	赵显利	北京理工大学副校长、教授
	张英海	北京邮电大学副校长、教授
	张晓林	北京航空航天大学教授
委　　员：	吴爱华	教育部高等教育司理工处副处长
	杨志宏	工业和信息化部人教司教育处处长
	朱文利	英特尔公司中国区教育事务总监
	温向明	北京邮电大学副校长、教授
	田蔚凤	上海市教委高教处处长
	徐国治	上海交通大学教授
	傅丰林	西安电子科技大学教授
	王靖淇	英特尔公司大学合作经理
	江志斌	上海交通大学教务处处长、教授
	胡克旺	北京信息工程学院教授
	余　洪	英特尔公司嵌入式产品线市场开发经理
秘 书 长：	徐国治	上海交通大学教授（兼）
常务副秘书长：	蒋乐天	上海交通大学副教授
副秘书长：	徐国良	上海市教委高教处
	周玲玲	上海交通大学电子工程系副主任、副教授
秘书组成员：	彭翔宇、谷千军、李印霞、黄振宝、陈晓明、曹虎林、孙卫国	

第五届英特尔杯大学生电子设计竞赛
嵌入式系统专题邀请赛专家组名单

组　长：张晓林　　　北京航天航空大学教授
副组长：徐国治　　　上海交通大学教授
　　　　傅丰林　　　西安电子科技大学教授
委　员：章倩苓　　　复旦大学教授
　　　　罗伟雄　　　北京理工大学教授
　　　　赵振纲　　　北京邮电大学教授
　　　　哈亚军　　　新加坡国立大学教授
　　　　杨家强　　　香港科技大学嵌入式系统研究院院长
　　　　Stewart Christie　英特尔公司低功耗嵌入式产品市场工程师
　　　　游　骅　　　英特尔亚太研发有限公司课程架构设计师、大学合作项目经理
　　　　党晓妍　　　英特尔中国研究院博士后研究员
　　　　潘伟斌　　　英特尔亚太研发有限公司资深软件工程师
　　　　Luo Yan　　University of Massachusetts Lowell 助理教授
　　　　陈天洲　　　浙江大学教授
　　　　吴中海　　　北京大学教授
　　　　李玉柏　　　电子科技大学教授
　　　　岳继光　　　同济大学教授
　　　　邓建国　　　西安交通大学教授
　　　　杨剑锋　　　武汉大学副教授
　　　　刘　辉　　　深圳华北工控股份有限公司副总经理
　　　　陈立军　　　深圳华北工控股份有限公司大学合作经理

第五届英特尔杯大学生电子设计竞赛嵌入式系统专题邀请赛获奖名单

序号	名次	参赛学校	参赛题目	指导教师	参赛学生	参赛学生	参赛学生
1-1	英特尔杯（一等奖）	西安电子科技大学	皮影艺术 凌动舞台	付少锋	王浩然	刘 鑫	朱 萌
1-2	一等奖	北京大学	带有语音同步功能的拓纸式手写板	汪国平	赵菁靓	王宇鹭	赵耀环
1-3	一等奖	北京大学	新一代投影演示系统	陈 江	廖泥乐	李 聪	刘孟奇
1-4	一等奖	北京理工大学	具有触觉反馈机制的增强现实体验平台	马志峰	张新禹	许昌达	赵 晨
1-5	一等奖	东北大学	基于Intel□ Atom□处理器的纸币清分鉴伪系统	张 石	范振亚	解加华	林宇晗
1-6	一等奖	东华大学	基于颜色识别的手指多点触控系统	许武军	王铭伟	王鹏程	黄 睿
1-7	一等奖	南京大学	便携式三维重建系统	李 杨	郭明宇	张 波	邹 润
1-8	一等奖	上海交通大学	基于云渲染的移动3D网络视频会议系统	蒋乐天	陈晓明	徐 晨	吕圣硕
1-9	一等奖	香港中文大学	Improving Exercise Bike Experience with Google Street View and Virtual Reality	徐 强	陈隽永	方 弋	张 琦
1-10	一等奖	西安电子科技大学	基于增强现实的3D办公系统□FFICE	任爱锋	李 浩	孙鹏冬	靳潇杰
1-11	一等奖	西安交通大学	幻境漫步者□ 基于体态感知和立体显示的趣味漫步系统	冯祖仁	聂 勤	张东东	徐 铭
1-12	一等奖	西北大学	工业园区安防监测卫士凌灵狗□ 基于Intel□ Atom□处理器的轮式机器人	邢天璋	赵翊凯	李俊杰	王 举
1-13	一等奖	中南大学	基于智能视觉技术医用药剂中可见异物自动化检测系统	许雪梅	肖 竞	鲁金龙	桑延奇
2-1	二等奖	北京大学	超市导航系统	刘志敏	沈逸超	杨 晶	陈至远
2-2	二等奖	北京大学	基于LED的室内照明及综合信息发布系统	吴建军	张敏林		万阳沙
2-3	二等奖	北京交通大学	基于Intel□ Atom□处理器的车载计算机及列车超速防护系统仿真	戴胜华	李小勇	郭华真	张 卫

(续表)

序号	名次	参赛学校	参赛题目	指导教师	参赛学生	参赛学生	参赛学生	参赛学生
2-4	二等奖	北京科技大学	基于手势识别的3D虚拟交互系统	王粉花	王飞龙	李泳明	孙晓龙	
2-5	二等奖	Bogazici University	Navigation Device for Freight Containers Using RF Communications	Arda Yurdakul	Muhammet ERKO□	Muhammet Alican	Ali Yavuz KAHVEC	
2-6	二等奖	电子科技大学	家庭安保机器人	郝宗波	徐 新	王 韬	熊六中	
2-7	二等奖	电子科技大学	航道综合环境智能监测分析预警系统	李玉喜	屠青青	詹小红	李智超	
2-8	二等奖	复旦大学	基于视点跟踪和离轴投影实现多屏立体显示技术	冯 辉	王悦凯	唐亦辰	谢辛舟	
2-9	二等奖	哈尔滨工程大学	机动车灾难预警与预防系统	刘书勇	李宏宇	李春东	汪永峰	
2-10	二等奖	杭州电子科技大学	基于嵌入式自动生成技术的图形界面生成系统	邹惠峰	吴 帅	顾立程	金慧慧	
2-11	二等奖	河海大学	视觉型自然交互系统	许 峰	史国委	徐新坤	姚 岚	
2-12	二等奖	河海大学	感知交通□——基于视频的交通流特征参数检测及交通综合信息服务系统	张学武	孙 浩	顾丽萍	顾 灏	
2-13	二等奖	华东师范大学	基于3G的实时客车超载检测预警及车内多媒体系统	沈建华	符 劼	沈怡涛	程稼梁	
2-14	二等奖	华南理工大学	手势控制的多人共享智能娱乐电视	徐向民	孙 晓	马 珂	周津诚	
2-15	二等奖	南京大学	太湖蓝藻鸟瞰/鹰视多维?2G/Wi-Fi 监控预测及导游系统	李 勃	时永方	陈抒骏	赵 莘	
2-16	二等奖	南京邮电大学	嵌入式多源图像采集、配准与融合系统	张 焯	董健堂	倪 敏	陈自龙	
2-17	二等奖	上海大学	网络互动式多肢体复健水平智能检测系统	陆小锋	余 威	钱 帆	庄 悦	
2-18	二等奖	上海交通大学	基于声音定位虚拟键盘的家庭智能书桌	袁 焱	李孟实	王鹏程	姜 楠	
2-19	二等奖	四川大学	多功能自动定位测量分析仪	植 涌	王 涛	王 莹	邓昌明	
2-20	二等奖	香港中文大学	Video Conferencing System - Focus to Speaker	徐 强	林家俊	李仁杰	丁 乾	

(续表)

序号	名次	参赛学校	参赛题目	指导教师	参赛学生	参赛学生	参赛学生
2-21	二等奖	天津大学	基于加速度数据分析的数字控制系统解决方案	王建荣	马昊伯	杨亚龙	于 洋
2-22	二等奖	武汉大学	基于virtual-touch的个人桌面助理	郑 宏	党 凯	郭怡文	王 汪
2-23	二等奖	武汉大学	基于视频监视的文管助手	黄根春	任 翔	罗国君	鹿 璇
2-24	二等奖	西安电子科技大学	互动式智能水族箱	谢 楷	权 磊	皮 成	赵 悦
2-25	二等奖	西安邮电学院	水质远程分析智能化环保系统	赵小强	张雁冰	曾艾媛	黄虎才
2-26	二等奖	西南交通大学	反恐战车	杨 斌	田登尧	王海波	杨 川
2-27	二等奖	中国矿业大学	矿井人员定位管理系统移动终端	刘 辉	黄士超	王博文	沈 湛
3-1	三等奖	北京工业大学	基于Intel Atom 处理器的远程便携监护仪的研制	吴 强	张浩龙	刘家琦	刘 元
3-2	三等奖	北京科技大学	基于3D环境自行车健身系统	张晓彤	张 猛	李延晟	王 函
3-3	三等奖	北京理工大学	基于声源定位技术的移动监控系统	杜 鹃	何 淼	胡丁晟	吴比翼
3-4	三等奖	北京理工大学	无线体感游戏系统□ORO？	吴琼之	马 越	李月标	肖增利
3-5	三等奖	北京师范大学	基于脑电信号识别的疲劳驾驶检测系统	李朱峰	钟潇潇	冯晓雪	刘 凡
3-6	三等奖	北京师范大学	煤矿"安全监测系统	李朱峰	李 遥	熊晓东	曹 政
3-7	三等奖	北京信息科技大学	基于IA联网的流行病实时预警系统	王 勇	任海龙	刘述良	李 超
3-8	三等奖	北京邮电大学	微型航空遥感影像系统	马金明	李祖沛	纪剑书	张为泰
3-9	三等奖	重庆大学	魔方比赛综合系统(Need for Cube)	刘 寄	刘皓璋	沈 哲	李晨辰
3-10	三等奖	大连理工大学	基于短波无中心自组网的应急通信系统	杜 猛	吕连生	袁 彬	张 敏

3

(续表)

序号	名次	参赛学校	参赛题目	指导教师	参赛学生	参赛学生	参赛学生	参赛学生
3-11	三等奖	电子科技大学	虚拟场景互动系统	于永斌	王 庆	刘 威	蔡忠凯	
3-12	三等奖	电子科技大学	三维发型辅助设计系统	王玉林	韩 晶	徐小飞	张瑞金	
3-13	三等奖	东南大学	基于计算机视觉的便携式互动投影	张圣清	陈 龙	洪立俊	赵 辰	
3-14	三等奖	复旦大学	无线多链路自适应视频传输系统	杨 涛	蒋紫东	杨志智	尹逸宫	
3-15	三等奖	福州大学	运动物体跟踪监控系统	魏云龙	龚晶宇	刘 翔	林 婷	
3-16	三等奖	哈尔滨工程大学	基于 3G 网络和 H.264 技术的客车监控与服务系统	王 伞	马东鹏	秦 旋	陈晓博	
3-17	三等奖	哈尔滨工业大学	灵动随手 振奋随芯□基于 Intel 凌动嵌入式系统与 ADXL335 加速度计的仿真游戏系统	罗 晶	翁 童	邱搏博	袁 源	
3-18	三等奖	杭州电子科技大学	基于卡尔曼滤波的动力电池组 SOC 精确估计	黄继业	张纯林	叶基龙	刘天宇	
3-19	三等奖	华东理工大学	基于虚拟触摸屏和机迹识别技术的智能轮椅控制系统	李振坡	康 恺	井 冰	吴慧文	
3-20	三等奖	华东师范大学	基于 Zigbee 技术的楼宇安全移动监控系统	李外云	王吉云	杨 斌	朱 亮	
3-21	三等奖	华南理工大学	基于 Ad hoc 的多功能车载自组织网络	蔡华标	林泽雄	柯树欧	陈鲁生	
3-22	三等奖	华中科技大学	虚拟健身系统	肖 看	刘文浩	聂晓楠	杨慧学	
3-23	三等奖	华中科技大学	□ello World□博物馆导游机器人	尹 仕	孟 博	刘 鹏	徐小维	
3-24	三等奖	Instituto Tecnologico y de Estudios Superiores de	Automotive Multimedia Interace	Carlos Alberto	Sara Aziyaded	Juan Alfonso	Andres Torres	
3-25	三等奖	Instituto Tecnologico Y De Estudios Superiores	Kokoxkali Health Center	Luis Humberto	Mart□ Nicol□	Leandro Gabriel	Pedro Andoni	
3-26	三等奖	吉林大学	井下超前探测与安全监测系统	李春生	高明亮	冯剑锋	马 爽	
3-27	三等奖	空军工程大学	基于 Menlow 平台的大坝安全状况实时监测系统	李 教	袁子东	解建坡	邹聪智	

（续表）

序号	名次	参赛学校	参赛题目	指导教师	参赛学生	参赛学生	参赛学生
3-28	三等奖	南京航空航天大学	基于无线传感器网络的矿井监控系统	赵国安	王保国	符晓峰	吴连慧
3-29	三等奖	南京理工大学	基于图像处理技术的自动报靶系统	王向民	杜荣鑫	蒋小龙	孙新江
3-30	三等奖	南京理工大学	智能找 ifinder□□基于内容的图像检索终端	王向民	刘立超	华灵佳	段明霞
3-31	三等奖	南京邮电大学	课堂教学中教师运动行为跟踪和识别的视频录播系统	李诚元	杨晓东	姚远	檀峰
3-32	三等奖	National University of Singapore	Gesture-based Wearable Interactive Computing Device	Akash Kumar	Vee Yeow Edwin	Eishem Bilal Naik	Praveen Sekar
3-33	三等奖	上海大学	即写即发的新闻夹	薛雷	黄佳森	戴胜辰	闫健
3-34	三等奖	上海大学	基于 OpenGL 的交互教学系统	徐昱琳	顾烨	詹健斌	彭润
3-35	三等奖	上海大学	基于 CSS 定位技术的救援辅助系统	李玉峰	白植树	叶晓劼	徐抉飞
3-36	三等奖	上海交通大学	基于加速度传感器的交互平台□魔板	梁阿磊	杨卓恒	冯博群	李剑舫
3-37	三等奖	上海交通大学	基于人脸性别识别的广告播放系统	应忍冬	江迪升	张辰元	赵鹏昊
3-38	三等奖	上海理工大学	基于 Intel□ Atom□ 处理器的智能停车库设计	张会林	韩韵超	唐志俊	
3-39	三等奖	四川大学	基于图像定位的多功能场测量分析仪	徐家品	邓瑞	赵学达	邓元勖
3-40	三等奖	天津大学	电子书制作仪	王建荣	刘瀚蔚	杨静琦	魏涛
3-41	三等奖	同济大学	物联嘟客系统	蒋磊	黄懿文	葛雅龙	龙其
3-42	三等奖	同济大学	交互式白板	张冬冬	成李波	袁博	朱荣华
3-43	三等奖	同济大学	阿凡达 智慧眼	叶晨	黄新星	寻宇	孟钒
3-44	三等奖	University of Massachusetts Lowell	Leveraging Multithreading and Cloud Computing for an Energy-Efficient E-Book Reader Application	Yan Luo	Amon M. Faria	Eric Murray	Guofu Yuan

（续表）

序号	名次	参赛学校	参赛题目	指导教师	参赛学生	参赛学生	参赛学生
3-45	三等奖	University Sains Malaysia	Embedded System for Multi Environment Agriculture	Othman Sidek	Hadi Bin Jafar	Ahmad Aizuddin	Misbahul Munir B.
3-46	三等奖	武汉大学	物联网时代个人助理	谢银波	蒋 理	张 溢	冯 思
3-47	三等奖	武汉大学	眼随心动□视觉探索系统	陈小桥	田 猛	朱三洋	耿胜红
3-48	三等奖	西安电子科技大学	空中无线网及远程控制系统	刘彦明	周 强	郝鹏飞	邓世雄
3-49	三等奖	西安交通大学	基于WiFi通信技术的交互式游戏数字标牌	伍卫国	邱 也	朱帅印	李 楠
3-50	三等奖	西安交通大学	便携式多语言翻译系统	兰旭光	徐 然	杨 璐	彭若波
3-51	三等奖	西安交通大学	多路视频传输系统	侯兴松	刘 澈	张元歆	姚佳文
3-52	三等奖	西安理工大学	面向顾客的手持式无线点菜终端	孙钦东	朱旭光	朱 锋	陈 光
3-53	三等奖	西安理工大学	基于RFID的智能导游系统	张 翔	赵锋涛	辛美婷	廉 杰
3-54	三等奖	西北工业大学	基于Intel□Atom□处理器的探索机器人信息采集控制系统	邵舒渊	韩明辉	邵元元	高 山
3-55	三等奖	西南交通大学	医院无纸化诊疗信息平台	杨 斌	孙炳南	张益涛	张栌丹
3-56	三等奖	厦门大学	机器人兄弟	陈凌宇	赵 俊	蔡艺军	胡时豪
3-57	三等奖	浙江大学	便携式石英晶振微天平系统	王日海	李 蒙	沈鹏程	王 倩
3-58	三等奖	中国矿业大学	基于计算机视觉和传感器网的家居异动远程监控系统	周 勇	李智坚	王国利	莫 涵
3-59	三等奖	中国人民解放军信息工程大学	动态区域监控系统	欧阳喜	焦永生	杨永波	莫 涵
3-60	三等奖	中山大学	基于Intel□Atom□处理器的数字多媒体展示系统	陈立文	陈剑武	林 奕	郑德权

注：上述排名不代表得分排序。

Appraisal Results of the 5th Intel Cup Embedded System Design Invitational Contest

No.	Class	University	Topic	Mentor	Student	Student	Student
1-1	First Class (Intel Cup)	Xidian University	The Art of Shadow puppet, The Stage of Atom	FU Shaofeng	WANG Haoran	LIU Xin	ZHU Meng
1-2	First Class	Peking University	A Rubbing Tablet with the Synchronous Phonic Synthesization	WANG Guoping	ZHAO Qingliang	WANG Yulu	ZHAO Yaohuan
1-3	First Class	Peking University	Design of a Novel Embedded-system-based Presentation Device	CHEN Jiang	LIAO Nile	LI Cong	LIU Mengqi
1-4	First Class	Beijing Institute of Technology	AR Platform with Exoskeleton Haptic Device	MA Zhifeng	ZHANG Xinyu	XU Changda	ZHAO Chen
1-5	First Class	NorthEastern University	The banknote Counting and Sorting system based on Atom Platform	ZHANG Shi	FAN Zhenya	XIE Jiahua	LIN Yuhan
1-6	First Class	Donghua University	Color-based multi-touch finger identification and its application	XU Wujun	WANG Mingwei	WANG Pengcheng	HUANG Rui
1-7	First Class	Nanjing University	Portable Three-dimensional Profiler	LI Yang	GUO Mingyu	ZHANG Bo	ZOU Run
1-8	First Class	Shanghai Jiao Tong University	Cloud-based mobile 3D rendering network video conference system	JIANG Letian	CHEN Xiaoming	XU Chen	LV Shengshuo
1-9	First Class	The Chinese University of Hong Kong	Improving Exercise Bike Experience with Google Street View and Virtual Reality	Xu Qiang	Chan Chun Wing	Chan Hiu Yu	Zhang Qi
1-10	First Class	Xidian University	3D Office System Based on Augmented Reality—IFFICE	REN Aifeng	LI Hao	YI Fang	JIN Xiaojie
1-11	First Class	Xian Jiaotong University	Wonderland Roamer——An Interesting Walking System Based on Body Posture Sensing and Stereo Display	FENG Zuren	NIE Qin	SUN Dongpeng	XU Ming
1-12	First Class	Northwest University	Watchdog-The Security Monitoring Guard in the Industrial Estate ---The Wheeled Robot Based on Atom Platform	XING Tianzhang	ZHAO Yikai	ZHANG Dongdong	WANG Ju
1-13	First Class	Central South University	Automatic Injection Impurity Detecting System Based on Intelligent visual technology	XU Xuemei	XIAO Liang	LI Junjie	SANG Yanqi

(continue)

No.	Class	University	Topic	Mentor	Student	Student	Student
2-1	Second Class	Peking University	Supermarket Navigation System	LIU Zhimin	SHEN Yichao	LU Jinlong	CHEN Zhiyuan
2-2	Second Class	Peking University	An Illuminating and Multimedia Information Broadcasting System Based on LED	WU Jianjun	ZHANG Minlin	YANG Jing	WAN Yangsha
2-3	Second Class	Beijing Jiaotong University	Atom-based Vehicle-mounted Computer and Automatic Train Protection System Simulation	DAI Shenghua	LI Xiaoyong	GUO Huazhen	ZHANG Wei
2-4	Second Class	University of Science and Technology Beijing	The System for 3D Virtual Interaction Based on Gesture Recognition	Wang Fenhua	WANG Feilong	LI Yongming	SUN Xiaolong
2-5	Second Class	Bogazici University	Navigation Device for Freight Containers Using RF Communications	Arda Yurdakul	Muhammet ERKOÇ	Muhammet Alican GÜNCAN	Ali Yavuz KAHVECİ
2-6	Second Class	University of Electronic Science and Technology of China	The Home Safety Robot	HAO Zongbo	XU Xin	WANG Tao	XIONG Liuzhong
2-7	Second Class	University of Electronic Science and Technology of China	An intelligent system for monitoring, analyzing and warning of integrated waterway environment	LI Yuxi	TU Qingqing	ZHAN Xiaohong	LI Zhichao
2-8	Second Class	Fudan University	Multi-screen geometric display technology based on viewpoint tracking and off-axis projection method	FENG Hui	WANG Yuekai	TANG Yichen	XIE Xinzhou
2-9	Second Class	Harbin Engineering University	Accident alarming and preventing system	LIU Shuyong	LI Hongyu	LI Chundong	WANG Yongfeng
2-10	Second Class	Hangzhou Dianzi University	The Graphical Interface Generation System Based On Embedded Automatic Generation Technology	WU Huifeng	WU Shuai	GU Licheng	JIN Huihui
2-11	Second Class	Hohai University	Vision-Based Natural Interactive System	XU Feng	SHI Tuanwei	XU Xinkun	YAO Lan
2-12	Second Class	Hohai University	Perceptual traffics—video based traffic flow parameters monitoring and integrated traffic information serve system	ZHANG Xuewu	SUN Hao	GU Liping	GU Hao
2-13	Second Class	East China Normal University	3G-based, Real-time Video Detection, Warning of passenger overloading and Multimedia playing system	SHEN Jianhua	FU Jie	SHEN Yitao	CHENG Dongliang

(continue)

No.	Class	University	Topic	Mentor	Student	Student	Student
2-14	Second Class	South China University of Technology	Sharing Gesture Control Based Intelligence Entertainment TV for Multi-user	XU Xiangmin	SUN Xiao	MA Ke	ZHOU Jincheng
2-15	Second Class	Nanjing University	Bird & Eagle View:Multi Dimension & Parameter:3G/Wi-Fi based Video Surveillance Forecast and Tour Guide System	LI Bo	SHI Yongfang	CHEN Shurong	ZHAO Mang
2-16	Second Class	Nanjing University of Posts and Telecommunications	Multi-source Image Registration and Fusion System Based on EMB-4650 EPIC Board	ZHANG Yi	DONG Jiantang	NI Min	CHEN Zilong
2-17	Second Class	Shanghai University	Online Interactive Intelligent Examination System for Physical Rehabilitation	LU Xiaofeng	YU Yu	QIAN Fan	ZHUANG Yue
2-18	Second Class	Shanghai Jiao Tong University	Home-used smart desk with virtual keypad based on acoustic impact locations	YUAN Yan	LI Mengshi	WANG Pengcheng	JIANG Nan
2-19	Second Class	Sichuan University	Multifunctional Automatic Positioning Measurement Analyzer	ZHI Yong	WANG Tao	WANG Ying	DENG Changming
2-20	Second Class	The Chinese University of Hong Kong	Video Conferencing System - Focus to Speaker	Xu Qiang	Lam Ka Chun	Li Yan Kit	Ding Qian
2-21	Second Class	Tianjin University	Digtal control system based on acceleration data analysis	WANG Jianrong	MA Haobo	YANG Yalong	YU Yang
2-22	Second Class	Wuhan University	Personal Desktop Assistant Based on Virtual-touch	ZHENG Hong	DANG Kai	GUO Yiwen	WANG Wang
2-23	Second Class	Wuhan University	Transportation Assistant System with Video Surveillance	HUANG Gensheng	REN Xiang	LUO Guojun	LU Xuan
2-24	Second Class	Xidian University	Interactive Intelligent Aquarium	XIE Kai	QUAN Lei	PI Cheng	ZHAO Yue
2-25	Second Class	Xi'an Institute of Post and Telecommunications	A kind of Remote Intellectualized System in Water Quality Analyzing	ZHAO Xiaoqiang	ZHANG Yanbing	ZENG Aiyuan	HUANG Hucai
2-26	Second Class	Southwest Jiao Tong University	Counter-terrist Vehicles	YANG Bin	TIAN Dengyao	WANG Haibo	YANG Chuan
2-27	Second Class	China University of Mining and Technology	The mobile terminal for Mining personnel positioning management system	LIU Hui	HUANG Shichao	WANG Bowen	SHEN Zhan

(continue)

No.	Class	University	Topic	Mentor	Student	Student	Student
3-1	Third Class	Beijing University of Technology	Atom-based remote portable monitoring instrument	WU Qiang	ZHANG Haolong	LIU Jiaqi	LIU Yuan
3-2	Third Class	University of Science and Technology Beijing	The Bicycle Fitness System Based on 3D Environment	ZHANG Xiaotong	ZHANG Meng	LI Yanpeng	Wang Han
3-3	Third Class	Beijing Institute of Technology	A mobile monitor system based on the sound source localization technique	DU Juan	HE Niao	HU Dingsheng	WU Biyi
3-4	Third Class	Beijing Institute of Technology	Wireless Somatosensory Game System --"LORO"	WU Qiongzhi	MA Yue	LI Yuebiao	Xiao Zengli
3-5	Third Class	Beijing Normal University	Fatigue-driving Detecting System Based on Electroencephalogram (EEG) Recognition	LI Zhufeng	ZHONG Qianqian	FENG Xiaoxue	LIU Fan
3-6	Third Class	Beijing Normal University	Coal Mine Safety Monitoring System	LI Zhufeng	LI Yao	XIONG Xiaodong	CAO Zheng
3-7	Third Class	Beijing Information Science and Technology University	The epidemic pre-warning systems for real-time based on the "Human Network"	WANG Yong	REN Hailong	LIU Shuliang	LI Chao
3-8	Third Class	Beijing University of Posts and Telecommunications	Micro Aerial Remote Sensing Imaging System	MA Jinming	LI Zupei	JI Jianshu	ZHANG Weitai
3-9	Third Class	Chongqing University	Integrated System for Rubik's Cube Competition(Need for cube)	LIU Ji	LIU Haozhang	SHEN Zhe	LI Chenchen
3-10	Third Class	Dalian University of Technology	No Center Wireless ad hoc Network for Emergency Communications Based on Short-wave Transceiver	DU Meng	LV Liansheng	YUAN Bin	ZHANG Min
3-11	Third Class	University of Electronic Science and Technology of China	Virtual Scene Interactive System	YU Yongbin	WANG Qing	LIU Wei	CAI Zhongkai
3-12	Third Class	University of Electronic Science and Technology of China	Subsidiary Three-dimensional Hairstyle System	DING Xuyang	HAN Jing	XU Xiaofei	ZHANG Ruijin
3-13	Third Class	SouthEast University	Portable Interactive Projection System Based on Computer Vision	ZHANG Shengqing	CHEN Long	HONG Lijun	ZHAO Chen

(continue)

No.	Class	University	Topic	Mentor	Student	Student	Student
3-14	Third Class	Fudan University	Adaptive Video Transmission System over Multiple Wireless Links	YANG Tao	JIANG Zidong	YANG Zhizhi	YIN Xungong
3-15	Third Class	Fuzhou University	Moving object tracking control system	WEI Yunlong	GONG Jingyu	LIU Xiang	LIN Ting
3-16	Third Class	Harbin Engineering University	Bus monitoring and service system based on 3G and H.264 technology	WANG San	MA Dongpeng	QIN Xuan	CHEN Xiaobo
3-17	Third Class	Harbin Institute of Technology	Dynamic with hands, Accomplished by ATOM —gaming system based on Intel Atom embedded system and ADXL335 accelerometer	LUO Jing	WENG Tong	QIU Bobo	YUAN Yuan
3-18	Third Class	Hangzhou Dianzi University	State of Charge Accurate Estimation Based on Kalman Filtering for Power Battery	HUANG Jiye	ZHANG Chunlin	YE Jilong	LIU Tianyu
3-19	Third Class	East China University of Science and Technology	Smart Wheelchair Controlling System Based on Virtual Touch and Track Identification	LI Zhenpo	KANG Kai	JING Bing	WU Huiwen
3-20	Third Class	East China Normal University	Portable Building Security Monitoring System Based On Zigbee Technology	LI Waiyun	WANG Jiyun	YANG Bin	ZHU Liang
3-21	Third Class	South China University of Technology	The Multifunctional Self-organization Network in Automobile Based on Ad Hoc	QIN Huabiao	LIN Zexiong	KE Shuxin	CHEN Shusheng
3-22	Third Class	Huazhong University of Science & Technology	Virtual Exercise System	XIAO Kan	LIU Wenhao	NIE Xiaonan	YANG Huiyu
3-23	Third Class	Huazhong University of Science & Technology	"Hello World": A Museum tour guide robot	YIN Shi	MENG Bo	LIU Peng	XU Xiaowei
3-24	Third Class	Instituto Tecnologico y de Estudios Superiores de Occidente	Automotive Multimedia Interace	Carlos Alberto Fernandez Guillot	Sara Aziyaded Batllori Ramirez	Juan Alfonso Aranda Sarabia	Andres Torres Garcia
3-25	Third Class	Instituto Tecnologico Y De Estudios Superiores Monterrey, Campus Guadalajara	Kokoxkali Health Center	Luis Humberto Chaidez Verdiales	Martín Nicolás Bricchi	Leandro Gabriel Martinez	Pedro Andoni González Lizárraga
3-26	Third Class	Jilin University	Mine Advanced Detection and Safety Monitoring System	LI Chunsheng	GAO Mingliang	FENG Jianfeng	MA Shuang

(continue)

No.	Class	University	Topic	Mentor	Student	Student	Student
3-27	Third Class	Air Force Engineering University	A Dam safety real time Supervision System Based On the Menlow platform	LI Jiao	YUAN Zidong	JIE Jianpo	ZOU Congzhi
3-28	Third Class	Nanjing University of Aeronautics and Astronautics	Mine Monitoring System Based On Wireless Sensor Network	ZHAO Guoan	WANG Baoguo	FU Xiaofeng	WU Lianhui
3-29	Third Class	Nanjing University of Science and Technology	Automatic Target-Scoring System based on image processing	WANG Xiangmin	DU Rongxin	JIANG Xiaolong	SUN Xinjiang
3-30	Third Class	Nanjing University of Science and Technology	"iFinder"—A content-based image retrieval terminal	WANG Xiangmin	LIU Lichao	HUA Lingjia	DUAN Chaoxia
3-31	Third Class	Nanjing University of Posts and Telecommunications	Intelligent Tracking and Recognizing System for Classes Recording	LI Chengyuan	YANG Xiaodong	YAO Yuan	TAN Zheng
3-32	Third Class	National University of Singapore	Gesture-based Wearable Interactive Computing Device	Akash Kumar	Khoo Vee Yeow Edwin Benedict	Eishem Bilal Naik	S Praveen
3-33	Third Class	Shanghai University	Double Paper News Clips	XUE Lei	HUANG Jiasen	DAI Shengchen	YAN Jian
3-34	Third Class	Shanghai University	Interactive Teaching System Based on OpenGL	XU Yulin	GU Wei	ZHAN Jianbin	PENG Shu
3-35	Third Class	Shanghai University	Rescue Assistance Systems using CSS positioning technology	LI Yufeng	BAI Zhishu	YE Xiaojie	XU Yifei
3-36	Third Class	Shanghai Jiao Tong University	Acceleration Sensor-based Interaction Platform--Magic Board	LIANG Alei	YANG Zhuoheng	FENG Boqun	LI Jianli
3-37	Third Class	Shanghai Jiao Tong University	The Advertising System Based On Facial Gender Recognition	YING Rendong	JIANG Disheng	ZHANG Chenyuan	ZHAO Penghao
3-38	Third Class	University of Shanghai for Science and Technology	ATOM processor-based smart parking design	ZHANG Huilin	HAN Yunchao	TANG Zhijun	DENG Yan
3-39	Third Class	Sichuan University	Multifunction Field Measurement and Analyzer Based on Image Location	XU Jiapin	DENG Rui	ZHAO Xueda	DENG Yuanxun
3-40	Third Class	Tianjin University	Ebook maker	WANG Jianrong	LIU Hanwei	YANG Jingqi	WEI Tao

(continue)

No.	Class	University	Topic	Mentor	Student	Student	Student	Student
3-41	Third Class	Tongji University	IOT Comment-Marking System	JIANG Lei	HUANG Yiwen	GE Yonglong	LONG Qi	
3-42	Third Class	Tongji University	Interactive Whiteboard	ZHANG Dongdong	CHENG Libo	YUAN Bo	ZHU Ronghua	
3-43	Third Class	Tongji University	Avatar Brilliant Eyes	YE Chen	HUANG Xinxing	XUN Yu	MENG Fan	
3-44	Third Class	University of Massachusetts Lowell	Leveraging Multithreading and Cloud Computing for an Energy-Efficient E-Book Reader Application	Yan Luo	Amon M. Faria	Eric Murray	Guofu Yuan	
3-45	Third Class	University Sains Malaysia	Embedded System for Multi Environment Agriculture	Dr Othman Sidek	Hadi Jafar	Misbahul Munir Rasib	Ahmad Aizuddin Yeop	
3-46	Third Class	Wuhan University	Personal assistant in Internet of Things era	XIE Yinbo	JIANG Li	ZHANG Yi	FENG Si	
3-47	Third Class	Wuhan University	Sight With Your Thinking	CHEN Xiaoqiao	TIAN Meng	ZHU Sanyang	GENG Shenghong	
3-48	Third Class	Xidian University	Air Wireless Network & Remote Control System	LIU Yanming	ZHOU Qiang	HAO Pengfei	DENG Shixiong	
3-49	Third Class	Xian Jiaotong University	An Interactive Game Digital Signage Base on WiFi Technology	WU Weiguo	QIU Ye	ZHU Shuaiyin	LI Nan	
3-50	Third Class	Xian Jiaotong University	Portable Multilingual Translation System	LAN Xuguang	XU Ran	YANG Lu	PENG Ruobo	
3-51	Third Class	Xian Jiaotong University	Multi-channel Video Transmission System	HOU Xingsong	LIU Che	ZHANG Yuanxin	YAO Jiawen	
3-52	Third Class	Xian University of Technology	Customer-oriented handheld wireless ordering terminal	SUN Qindong	CHEN Chu	ZHU Feng	ZHU Xuguang	
3-53	Third Class	Xian University of Technology	Intelligent Guide System Based on RFID	ZHANG Xiang	ZHAO Fengtao	XIN Meiting	CHEN Guang	
3-54	Third Class	Northwestern Polytechnical University	The system of information collection and control base on ATOM processer	SHAO Shuyuan	HAN Minghui	SHAO Yuanyuan	LIAN Jie	
3-55	Third Class	Southwest Jiao Tong University	Paperless Diagnosis Information Platform	YANG Bin	SUN Bingnan	ZHANG Yitao	GAO Shan	

(continue)

No.	Class	University	Topic	Mentor	Student	Student	Student
3-56	Third Class	Xiamen University	Robot Cousin	CHEN Lingyu	ZHAO Jun	CAI Yijun	ZHANG ludan
3-57	Third Class	Zhejiang University	Portable Quartz Crystal Microbalance System	WANG Yuehai	LI Hao	SHEN Pengcheng	HU Shihao
3-58	Third Class	China University of Mining and Technology	The Home Transaction Remote Monitoring System Based on Computer Vision and Sensor Network	ZHOU Yong	LI Zhijian	WANG Guoli	WANG Qian
3-59	Third Class	Information Project University of PLA	Dynamic Region Monitoring System	OU Yangxi	JIAO Yongsheng	YANG Yongbo	MO Han
3-60	Third Class	Sun Yat-Sen University of China	ATOM based Digital Multimedia Presentation System	CHEN Liwen	CHEN Jianwu	LIN Yi	ZHENG Dequan

Note: the sequence does not represent the ranking.

序　一

随着"优秀作品集"的出版，第五届大学生电子设计竞赛嵌入式系统邀请赛胜利结束了，在此愿代表组委会表达祝愿、祝贺、感谢之意！

嵌入式系统邀请赛除了属于教育部高教司、工业和信息化部人教司领导主办，全力为全国高等教育信息领域教学发展改革，强化理论联系实践，帮助大学生全面发展的共性外，还有其特殊性，主要可归纳为：（一）它是针对部分学习能力强的学生，在高难度要求的同时又给予其自由发挥作品策划设计制作能力的"自主权"；（二）"邀请赛"的国际化目标正在发展，在Intel公司大力支持下，更多国家和地区的大学生参加竞赛（含要求参加者），评委的评判以国际化组成和国际间公平、公正准则进行，起到大学生国际交往的积极作用；（三）在给定先进的嵌入式系统平台条件下，要求参赛大学生尽力发展平台强有力的能力。结果证明，这又是一次成功的邀请赛，大学生的潜能得以发挥，作品设计和构思结合了社会发展，有新颖性（如Intel杯得奖作品，以嵌入式系统支持中国传统皮影木偶戏演出），得到评委和嘉宾的肯定。当然，邀请赛还将与时俱进，向国际化发展，为大学生的发展多做些贡献。最后，衷心感谢上海市教委、上海交通大学，以及嵌入式竞赛专家组所作的贡献！尤其是专家组组长徐国治教授及其团队，在上海举办世博会期间外事工作严要求情况下，富有成效地解决国际学生参加上海现场评审的各种外事要求及生活问题，使我由衷地冒出一句：谢谢各位，各位辛苦了！再次感谢Intel公司每次都提供现时最先进的嵌入式系统平台和不断支持邀请赛的国际化进程！

大学生电子设计竞赛嵌入式系统专题邀请赛组织委员会主任

王　越　院士

2011年6月

序　二

英特尔杯大学生电子设计竞赛嵌入式系统专题邀请赛，自2002年首届举办至今，已经成功走过了5届，我们的脚步从中国本土一步步迈向全球，其影响力日益扩大，吸引并激励着世界各地莘莘学子创新进取，并将业界前沿的技术引入学习与科研。大赛有力地促进了创新人才的成长，同时也不断推动产学研三方的融合。

在参赛同学和组委会、专家组以及各位老师和英特尔同事的共同努力下，第五届英特尔杯大学生电子设计竞赛嵌入式系统专题邀请赛成功举办。本届赛事与历届相比，覆盖区域最广、参赛队伍最多，并且采用了先进的Intel® Atom™嵌入式架构的设计平台。

来自中国、美国、土耳其等9个国家和地区76所高校的165支队伍云集一堂，作品取材的广度、深度都令人耳目一新，充分体现出当代大学生的创新意识、动手能力，更难能可贵的是，越来越多的作品关注到了社会发展的实际需要和文化传承的重要性！比如本届捧杯作品"皮影艺术　凌动舞台"，为利用高新技术保护与演绎中国传统文化提供了很好的尝试，相信在不久的将来，很多作品将对人们的现实生活产生深远的影响。

这样一本作品集，它收录的不仅仅是本届大赛的成果、成绩，它同时也体现了英特尔在支持和鼓励大学生创新意识的道路上的不断思考与积淀，也反映了公司对未来发展的期待与责任。我想借此机会，谨代表英特尔公司向王越院士及徐国治教授为大赛一如既往的辛勤投入和大力支持表示崇高的敬意，对大赛组委会和专家组辛勤付出和贡献表示钦佩。同时，我感谢教育部、工信部、上海市教委领导等对本届大赛的关心和支持。我还要向我的同事朱文利、王靖淇以及嵌入式与通信事业部、软件与服务事业部的技术团队等对竞赛的无私投入与奉献表示感谢。

再次衷心祝贺本届大赛圆满成功，祝贺所有获奖的参赛选手！愿这本优秀作品集成为后来者再创辉煌的基石，愿所有锐意进取的同学们吸收借鉴、大胆创新，在下一届大赛中绽放出更加璀璨的光芒！

英特尔中国执行董事 戈峻

2011年7月

前　言

2010年，全世界的目光聚焦上海，上海世界博览会胜利召开。2010年，嵌入式领域的一次盛会，大学生嵌入式系统专题邀请赛在上海交通大学隆重举行，同样吸引了来自国内外著名高校的师生、政府官员、企业代表和社会各界的广泛关注。7月24日，第五届大学生嵌入式系统专题邀请赛胜利落下帷幕，标志着嵌入式竞赛百尺竿头，更上一层楼。

大学生嵌入式系统专题邀请赛由中国教育部高等教育司、工业和信息化部人事教育司共同主办，英特尔（中国）有限公司协办，上海市教委和上海交通大学承办。竞赛继续秉承"开放式、高起点、国际化"的教育改革之路，继续推进课程体系改革和学生综合能力与创新精神的培养，继续促进国际交流和合作。第五届大学生嵌入式系统专题邀请赛成功邀请中国大陆、香港特别行政区、新加坡、马来西亚、越南、土耳其、墨西哥、乌克兰和美国等地的著名高校参加。参赛学生数和参赛国家数再创新高。基于英特尔最领先的凌动处理器的嵌入式平台，由参赛学生自主选题、自主设计，在中国传统艺术的传承、手势识别、人机交互、机器人、安全辅助系统、节能减排等多个领域提交了一大批富有创意和密切联系实际的设计作品。竞赛作品充分体现了竞赛的"开放性、创新性、先进性和实践性"的特点，也使得本次竞赛能够充分地促进学生创新精神和综合能力的培养，促进产学研的有机结合。最后经来自世界各地高校的学者和企业的工程师组成的专家组统一评审测试，评选出一等奖13支队，二等奖27支队，三等奖60支队。西安电子科技大学的"皮影艺术、凌动舞台"在众多作品中脱颖而出，获得本次竞赛的最高奖"英特尔杯"。

应各高校广大师生的强烈要求，也为了进一步扩大和促进嵌入式系统竞赛的影响和发展，大学生嵌入式系统专题竞赛组委会决定继续出版《大学生嵌入式系统专题邀请赛优秀作品选编》。鉴于本书篇幅限制，编入本书的仅是第五届大学生嵌入式系统专题邀请赛中获得一等奖和二等奖的27篇作品。

由于来稿反映的是学生在有限时间内完成的设计工作，这些作品不可能尽善尽美，无论在方案的科学性、行文的规范性等方面尚有不足之处，而且差距较明显，因此编者希望阅读本书的大学生在吸取书中文稿优点的同时，独立思考，对其不足之处引以为戒，这样也有利于学生分析与识别能力的提高。书中每篇作品均附有"评审意见"，供参考。

本次竞赛的圆满成功离不开教育部高教司、工业和信息化部人事教育司领导的关心和支持，离不开英特尔公司各个部门的鼎力相助，离不开全国组委会和专家组的正确领导，离不开社会各界的广泛关注，离不开广大学校的积极参与，更离不开上海市教委和上海交通大学的精心组织，在此对他们给与的关心和支持表示崇高的敬意，对他们付出的辛勤汗水表示深深的谢意。竞赛得到了英特尔中国执行董事戈峻先生、英特尔公司嵌入式与通信事业部首席工程师兼首席技术官 **Pranav Mehta** 先生、英特尔全球大学教育总监 Jozell Johnson 女士、英特尔亚太研发有限公司总经理梁兆柱先生、英特尔中国区教育事务总监朱文利女士，英特尔公司大学合作经理王靖淇女士、颜历小姐，以及英特尔公司游骅、余洪、沈海、毕莹等人的大力支持和帮助，在此表示衷心的感谢。同时感谢上海市教委印杰副主任、徐国良老师以及上海交通大学校长办公室、教务处、国际交流和合作处、电子信息与电气工程学院、电子电工中心、电子工程系实验室、嵌入式系统实验室、后勤保障处、学生处、保卫处、网络信息中心、宣传部等各部门领导和老师的协调和精心组织，在此一并表示感谢。

本书从开始征文到最终定稿，获得了获奖作者、参赛队辅导教师、有关学校领导、大学生嵌入式系统专题邀请赛组委会专家组的鼎立支持。本书由徐国治、傅丰林、罗伟雄、赵振纲、章倩苓、邓建国、陈天洲、顾典、沈彤等专家担任审稿工作。审稿工作在西安交通大学举行，感谢邓建国老师在此期间的精心安排和辛勤工作。全书由蒋乐天统稿，竞赛组委会秘书处周玲玲、彭翔宇等同志也参加了组稿、审稿和编辑工作，在此一并表示感谢。

大学生电子设计竞赛嵌入式系统专题邀请赛组织委员会
2011 年 7 月

目 录

皮影艺术　　凌动舞台 1
　　——西安电子科技大学　王浩然　刘　鑫　朱　萌
带有语音同步功能的拓纸式手写板 10
　　——北京大学　赵青靓　赵耀环　王宇鹭
新一代投影演示系统 17
　　——北京大学　廖泥乐　李　聪　刘孟奇
具有触觉反馈机制的增强现实体验平台 23
　　——北京理工大学　张新禹　赵　晨　许昌达
基于 Intel® Atom® 处理器的纸币清分鉴伪系统 31
　　——东北大学　范振亚　解加华　林宇晗
基于颜色识别的手指多点触控系统 39
　　——东华大学　黄　睿　王铭伟　王鹏程
便携式三维重建系统 46
　　——南京大学　郭明宇　邹　润　张　波
基于云渲染的移动 3D 网络视频会议系统 54
　　——上海交通大学　陈晓明　徐　晨　吕圣硕
Improving Exercise Bike Experience with Google Street View and Virtual Reality 63
　　□The Chinese University of Hong Kong　Chan Chun Wing　, Chan Hiu Yu, Zhang Qi
基于增强现实的 3D 办公系统—IFFICE 72
　　——西安电子科技大学　李　浩　弋　方　靳潇杰
幻境漫步者□基于体态感知与 3D 立体显示的趣味漫步系统 80
　　——西安交通大学　聂　勤　徐　铭　孙鹏冬
工业园区安防监测卫士凌灵狗□基于 Intel® Atom® 处理器的轮式机器人 87
　　——西北大学　王　举　赵翊凯　张东东
基于智能视觉技术医用药剂中可见异物自动化检测系统 95
　　——中南大学　肖　亮　李俊杰　桑延奇
基于 LED 的室内照明及综合信息发布系统 103
　　——北京大学　张敏林　万阳沙　杨　晶
基于手势识别的 3D 虚拟交互系统 109
　　——北京科技大学　王飞龙　孙晓龙　李泳明

Navigation Device for Freight Containers Using RF Communications 117
　　——Bogazici University　Muhammet ERKO□，Muhammet Alican G□can，Ali Yavuz Kahveci

家庭安保机器人 129
　　——电子科技大学　王　韬　熊六中　徐　新

航道综合环境智能监测分析预警系统 136
　　——电子科技大学　屠青青　詹小红　李智超

基于视点跟踪和离轴投影实现多屏幕立体显示技术 145
　　——复旦大学　唐亦辰　谢辛舟　王悦凯

视觉型自然交互系统 152
　　——河海大学　史囤委　徐新坤　姚　岚

感知交通□　基于视频的交通流特征参数监测及交通综合信息服务系统 159
　　——河海大学　孙　浩　顾丽萍　顾　灏

网络互动式肢体复健水平智能检测系统 167
　　——上海大学　余　彧　钱　帆　庄　悦

多功能自动定位测量分析仪 174
　　——四川大学　王　涛　王　莹　邓昌明

Video Conferencing System - Focus to Speaker 180
　　□□The Chinese University of Hong Kong　Ding Qian，Lam Ka Chun，Li Yan Kit

互动式智能水族箱 189
　　——西安电子科技大学　权　磊　赵　悦　皮　成

水质远程分析智能化环保系统 196
　　——西安邮电学院　张雁冰　曾艾嫒　黄虎才

反恐战车 203
　　——西南交通大学　杨　川　王海波　田登尧

Contents

The Art of Shadow Puppet based on Intel? Atom Processor 1

A Rubbing Tablet with the Synchronous Phonic Synthesization 10

Design of a Novel Embedded-system-based Presentation Device 17

Augmented reality experience platform with force-feedback mechanism 23

The banknote Counting and Sorting system based on Intel?Atom?Processor 31

Multi Point Control System Based on Color Recognition 39

Portable Three-dimensional Profiler 46

Cloud-Based Mobile 3D Rendering Network Video Conference System 54

Improving Exercise Bike Experience with Google Street View and Virtual Reality 63

3D Office System Based on Augmented Reality□FFICE 72

Wonderland Roamer—the Interesting Walking System Based on
    Body Posture Sensing and Stereo Display 80

Watchdog—The Security Monitoring Guard in the Industrial Park
    —The Wheeled Robot Based on Intel Atom Processor 87

Automatic Injection Impurity Detecting System
    Based on Intelligent visual technology 95

An Illuminating and Multimedia Information Broadcasting System 103

The System for 3D Virtual Interaction Based on Gesture Recognition ... 109

Navigation Device for Freight Containers Using RF Communications ... 117

The Home Safety Robot ... 129

An intelligent system for monitoring, analyzing and
    warning of integrated waterway environment ... 136

Multi-screen geometric display technology based on
    viewpoint tracking and off-axis projection method ... 145

Vision-Based Natural Interactive System ... 152

Perceptual traffics video based traffic flow parameters monitoring
    and integrated traffic information service system ... 159

Online Interactive Intelligent Examination System for
    Physical Rehabilitation ... 167

Multifunctional Automatic Positioning Measurement Analyzer ... 174

Video Conferencing System - Focus to Speaker ... 180

Interactive Intelligent Aquarium ... 189

Remote Intellectualized System for Water Quality Analysis ... 196

Counter-terrorist Vehicles ... 203

皮影艺术　凌动舞台
The Art of Shadow Puppet based on Intel? Atom□ Processor

王浩然　刘　鑫　朱　萌

摘要：针对皮影戏这一国家非物质文化遗产逐步淡出人们视线的现状，以唤回人们对皮影的关注为目的，设计了皮影表演系统。系统将现代计算机技术与传统皮影艺术相结合，使用高效能的基于 Intel? Atom□ 处理器的嵌入式平台，结合自主设计的数字控制机械系统，实现了皮影戏的录制、皮影机器人自动演出等功能。

针对皮影戏的编排与录制，系统软件提供了动作编辑播放器与剧本编辑播放器，并在其中使用 2D 物理引擎、BPM 探测算法以及动作自耦合算法提高皮影戏编排效率。系统在控制皮影机器人自动演出时，使用空间点对点映射算法保证其运动准确性。系统还提供了普通剧本表演模式与智能即兴表演模式，提高了系统的娱乐性和趣味性。在皮影表演舞台使用高清投影机投射 WPF 背景动画使得皮影戏的演出效果更为出色。

本系统在继承发扬中国传统文化的同时为人们提供了一种全新的视听娱乐方式。本系统可以应用于博物馆、展览厅等各类文化宣传场所。

关键词：皮影戏，数字控制，2D 物理引擎，BPM 探测

Abstract：Shadow Puppet, one of the national intangible cultural heritage, is phasing out of people□ attention. To regain people□ attention to the Shadow Puppet we designed the shadow puppet play system, which combines the modern computer technology with the traditional shadow puppet art. Using the high-performance embedded platform based on Intel? Atom□ processor, combine with self-designed digital control mechanical system, the system implemented features including recording the shadow puppet and shadow puppet automatically playing.

For arranging and recording the shadow puppet, the system provides action edit player and drama edit player, and uses 2D physical engine, BPM detection algorithm and action coupling algorithm to improve the efficiency of shadow puppet editing . When the system controls shadow puppet robot play automatically, we uses spatial point to point maping algorithm to ensure the accuracy of system. The system also provides normal drama play mode and intelligent improvisation performance mode to make the system more entertaining and interesting. On the shadow puppet play stage the system uses high definition projector casts WPF background animation which makes play effect more outstanding.

This system inherits and carries forward the Chinese traditional culture, it also provides people with a new audio-visual entertainment.

Keywords: Shadow puppet, Digital control, 2D physical engine, BPM detection

1 设计目标

本作品依托基于 Intel² Atom™ 处理器的嵌入式平台,将现代电子科学技术和机电一体化技术紧密结合, 实现以皮影机器人表演代替人工操作表演,继承和发扬古老的皮影艺术。

为了能够实现皮影机器人智能表演皮影戏的目标,系统设计了如下功能:

(1) **皮影动作编辑器**。即使用软件对虚拟动画皮影动作进行所见即所得的设置;

(2) **虚拟动画皮影与皮影控制结构映射匹配**。即实现虚拟动画皮影与皮影机器人之间的动作同步,使得皮影机器人能够按照用户在系统软件中设定的动作去表演;

(3) **皮影戏的普通剧本播放模式**。即皮影机器人按照用户实现编辑好的剧本进行表演;

(4) **皮影戏即兴表演模式**。即用户通过麦克风即兴演唱,皮影机器人通过智能算法自动表演;

(5) **背景动画以及音乐实时播放**。即用户在观看皮影人物表演的同时可以欣赏到配合剧情的背景动画及音乐。

2 系统设计方案

2.1 系统总体设计方案

为了能实现皮影戏的动作编辑、动作播放、剧本编辑、剧本播放、智能编剧等功能,系统使用具有高效能与优秀兼容性的基于 Intel² Atom™ 处理器的嵌入式平台作为控制与处理核心。

系统发挥了 Intel² Atom™ 处理器的可移动性以及低功耗特性将整个控制系统小型化、低功耗化。包括幕布在内的各个部分均可以进行简单的拆除与拼装,可以很方便地实现皮影戏的"巡回演出"功能,可以在展厅、博物馆、学校、社区等任何场合进行表演。Intel² Atom™ 处理器的低功耗能够保证系统在多幕戏剧的演出或展览中保持非常低的发热量与功耗,使得系统的运行时间更长、更稳定。

根据传统皮影戏的表演方式,系统设计了三个 3R 串联型机械臂,并配以履带式移动底盘,在保证表演方式同传统皮影相似的同时实现了对皮影的精确控制。系统使用 USB 以及 RS232/RS485 总线接口与皮影控制结构进行数据通信。皮影控制结构使用数字舵机以及数字传感器进行控制与反馈。系统使用 MSP 430 单片机作为下位机对数字传感器进行数据采集并回发给系统控制核心。

由于对皮影戏进行编剧时需要美观、可操作性强的软件用户操作界面,系统使用基于.Net Framework 3.5 的 WPF 进行开发。基于 x86 架构的 Intel² Atom™ 处理器对.Net Framework 3.5 提供了完美的支持,可以对 WPF 的 DirectX 渲染进行加速,提高系统性能。

在 Intel² Atom™ 处理器 Z510P 高效处理能力的支持下,系统软件中使用 2D 物理引擎实现动作编辑功能,配合空间点对点映射算法将虚拟动画皮影与真实皮影的动作进行同步。

为了能让用户在对皮影戏编剧时可以灵活调整剧本的内容,系统软件设计了剧本编辑播放器。在进行剧本编辑时，用户需要参照剧本背景音乐的节奏、曲调等信息。这些信息由 BPM（Beat Per Minutes）探测算法在对音乐文件加载的同时进行处理。在对音频文件进行处理时，BPM 探测算法需要消耗大量的系统资源，基于 Intel? Atom™ 处理器的嵌入式平台对大容量内存的良好支持保证了在算法最复杂情况下的系统稳定性。此外，基于 Intel? Atom™ 处理器的嵌入式平台的 IDE 外部存储通道为快速访问动作数据库以及已经存储的剧本提供了良好的支持。

在对剧本进行播放时，系统利用了基于 Intel? Atom™ 处理器的嵌入式平台强大的娱乐处理能力，使用 DVI 高清图像输出接口将剧本配套的 WPF 动画输出至投影机，投影机从舞台幕布后方将动画透射至幕布上，同时投影机也作为皮影人物在幕布上的投影光源。系统还利用 Intel? Atom™ 处理器对音频输入输出的完美支持将皮影戏剧本的背景音乐输出至媒体音箱。在智能即兴模式下，用户可以通过麦克风将音频输入给系统，系统通过算法智能匹配出皮影动作并进行播放。

整个系统也可以分为硬件和软件两大组成模块：

硬件主要由基于 Intel? Atom™ 处理器的嵌入式平台主板、皮影控制结构、皮影定位控制板、投影机、媒体音箱、舞台组成。

软件部分主要由动作编辑器、动作播放器、剧本编辑器、剧本播放器以及保证各个功能模块达到运行效果的算法组成。

系统的总体设计方案结构如图 1 所示。

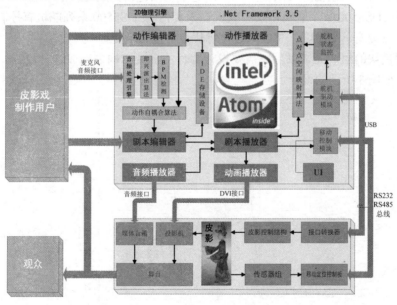

图 1 系统总体设计方案结构图

2.2 系统硬件设计

2.2.1 硬件结构图

系统硬件结构如图 2 所示。

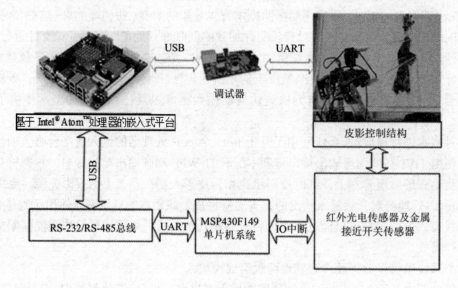

图 2 系统硬件结构图

2.2.2 皮影控制模块

要达到机械控制皮影的目的，必须设计合理的控制结构去完成相应的运动。另外，考虑到继承传统皮影艺术三根棍的表演模型，故决定用机械臂去完成这样的控制。

系统采用 CDS5500 数字舵机以及相关机器人套件。CDS5500 系列舵机有控制灵活、响应快、扭矩大、高转速、高精度、总线式连接等优点，能够满足系统要求。

有了控制模块的组成元素以后，需要设计合理的机械结构去完成这种控制。对于机械臂的设计，采用如图 3 所示的设计。

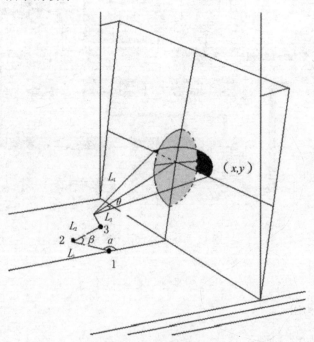

图 3 皮影控制结构示意图

这种结构模仿人手臂结构，左右臂三个自由度，中臂四个自由度，机械臂与幕布构成凸多边形，并且三个机械臂在水平上有层次结构。

有了这样一种结构以后，以总线方式连接所有舵机，然后通过调试器与竞赛平台连接，接收平台发送的控制指令，进而控制所有舵机运动。

最后将这样一组机械安装在履带式地盘上，实现皮影的大距离纵向移动。

2.3 系统软件设计

2.3.1 软件结构图

系统软件由舵机驱动模块、动作编辑器与播放器、剧本编辑器与播放器、移动控制模块、BPM检测算法、动作自耦合算法、点对点空间映射算法以及动画场景等组成。其各部分相互关系如图4所示。

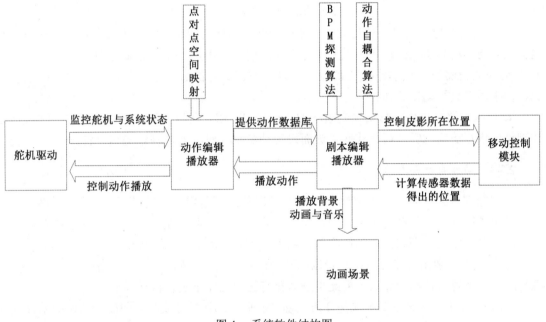

图4 系统软件结构图

2.3.2 动作编辑器

动作编辑器使用WPF开发，基于开源2D物理引擎FarseerPhysics，其界面如图5所示。

动作编辑器提供动作记录功能。通过用户对虚拟动画皮影的动作调整，配合动作记录时间轴的标记，用户可以将一个（组）动作录制为动作数据库的一个子集，并为其标注该动作的类型以及相关属性。

动作编辑器除了有直观的虚拟动画皮影的动作创建方式外，还可以使用纯数据编辑方式，系统软件提供了纯数据编辑方式，可以对动作的每个细节进行仔细打理。

每个动作保存编辑后都会自动进入系统的动作数据库中，由剧本编辑器进行智能调度。

图 5 动作编辑器软件界面

动作编辑器也与舵机驱动相关联,在进行动作编辑的同时,动画小人所对应的皮影结构也会完全仿制动画小人的动作,做到实时动作映射,使用户的动作编辑更为直观。

动作编辑器也提供动作播放功能,可以对正在进行的编辑或者数据库中的动作进行播放,便于用户进行动作评估。

动作编辑器也提供了移动控制模块的驱动接口,用户可以在进行动作编辑的同时对移动控制模块进行访问,驱动履带式底盘进而设置动画小人对应的控制结构的位置。

2.3.3 动作自耦合算法

在智能剧本编辑中,无论 BPM 探测出时间段信息还是用户指定时间段信息,最终都要对动作库里面的动作进行智能重组,自动生成脚本。在此,我们提出一种简单的自耦合算法。该算法主要考虑到三个因素:动作类型、初末位置匹配度 P、时间匹配度 T。

动作类型主要由用户根据整个音乐的基调进行指定,比如:走、跳、慢节奏舞蹈、快节奏舞蹈、对话等。自耦合算法根据此类型从相应的数据库中进行再次匹配。

初末位置匹配度 P 主要用来保证前一动作和后一动作的连贯性,即前一动作的末位置与后一动作初始位置尽可能接近,计算公式如下:

$$P = \sqrt{\Delta x^2 + \Delta y^2 + \Delta z^2} \quad (1)$$

时间匹配度 T 主要用来保证需要时间和动作运动时间之间的相似,即动作运动尽可能保证原来运动速度,计算公式如下:

$$T = |timelength - timelength'| \quad (2)$$

加入权重后的最终判定公式:

$$S = \frac{P}{20} + \frac{T}{1000} \quad (3)$$

该公式表明 20mm 的差距和 1s 的时间差在判定上是等权重的。

根据公式（3）从动作类型库中选出 S 最小的动作作为最佳匹配动作。

3 系统测试和结果分析

1. 点对点映射精确度测试

基于上述机械控制模块，对点对点映射算法进行了系统的测试，测试结果见表1。

表1 点对点映射算法测试结果

测试序号	初位置/mm (x,y,z)	末位置/mm (x,y,z)	时间/ms	实际位置 (x,y,z)	位置差/mm	误差/%
1	(0, 0, 0)	(0, 10, 0)	500	(0, 10, 0)	(0, 0, 0)	0
3	(0, 0, 0)	(0, 70, 0)	1000	(0, 65, 0)	(0, 5, 0)	7%
5	(0, -110, 0)	(0, 110, 0)	1000	(0, 105, 0)	(0, 5, 0)	2%

2. BPM 识别正确率测试

针对 BPM 节拍检测算法，采用人耳听觉与检测结构进行比对，得出测试数据见表2。表中的1、2、3分别代表3位不同的测试人员，每段歌曲截取1分钟时长。

表2 人耳听觉与检测结构比对

歌曲名	误测鼓点数			漏测鼓点数			总鼓点数			平均误差
	1	2	3	1	2	3	1	2	3	
The Creeps	10	12	5	20	16	13	160	153	158	12%
Love Don't Let Me Go	5	2	6	10	6	12	150	148	151	5%
I found U	9	12	13	18	16	19	145	140	151	10%

从表2可知，不同人对同一音乐节拍的感受是不同的，甚至同一人在不同时间对同一音乐节拍的感受也是不同的，这就给智能探测算法带来了很大的不便。测试时选择的是鼓点相对比较强的音乐，误差在10%左右，该误差在容限范围之内。

此外，还可以看出 BPM 算法的鼓点漏测数要高于鼓点误测数，因此在人机交互界面中我们设置一个探测阈值，用来提高探测灵敏度，进而改善这种情况。

3. 自耦合算法评估

自耦合算法的性能好坏很大程度上取决于动作数据库中动作的丰富性。假设我们的动作数据库中都能找到以任一个动作的末位置开始的动作，那么 P 判断量是失去意义的；再假设对于给定的任一个合理的时间长度，数据库中都有相应的动作相对应，那么 T 判断量也是失去意义的。

用户使用自耦合算法的时候，软件会设置一个 S 阈值，如果 S 超过阈值依然没有找到合适动作，那么就会提示用户动作数据库中动作匮乏，需要进行手工增加动作，丰富动作数据库。

4. 系统稳定性评估

整个系统搭建完毕，开启所有功能，包括用户录制动作、用户制作剧本、用户播放剧本，音频输出，录音输入等持续1小时程序运行情况良好，系统无故障，皮影动作播放完全按照用户对动作编辑器动画皮影的操作播放。

4 作品特色

系统不仅发挥了基于 Intel² Atom□ 处理器的嵌入式平台的移动性与超低功耗特性,使用了该平台的 DirectX 加速能力,还利用了平台的丰富接口,如 RS232、USB、IDE、DVI、音频接口等,使其高能效、媒体性能强等特点发挥得淋漓尽致。

系统设计具有如下特色:
(1) 空间点对点映射算法将虚拟皮影与真实皮影人物完美映射;
(2) 机器人按照用户编辑的剧本进行皮影戏表演,时间、位置精确;
(3) 使用 BPM 探测算法与动作自耦合算法辅助用户进行剧本编辑;
(4) 使用投影机作为皮影投影光源和戏剧背景动画使得皮影戏的艺术性得到更好的表现。

作品将现代电子技术、计算机技术、数字信号及图像处理理论与机电一体化技术紧密结合起来,依托基于 Intel² Atom□ 处理器的嵌入式平台,实现了由计算机控制的皮影机器人的精彩表现,并兼有皮影剧本编辑、放映、即兴表演、背景动画漂亮,音乐丰富等功能和优点,很好地继承和发扬光大了传统的皮影艺术宝库。

作品很好地达到设计要求,实现了预想目标,系统运行效果图如图 6 所示。

图 6 系统运行效果图

(指导教师:付少锋 参赛院校:西安电子科技大学)

评审意见：该作品将现代计算机技术与传统的皮影艺术结合到一起，利用基于 Intel? Atom 处理器的嵌入式平台提出了一种保护非物质文化遗产的思路和解决方案。作品选题新颖，运用现代计算机技术、投影技术以及多媒体技术再现中国的传统艺术。从皮影戏的编辑到播放，有一整套较完备的软硬件系统。该作品也表现出当代大学生积极关心民族文化，应用科学技术的良好风气。

带有语音同步功能的拓纸式手写板
A Rubbing Tablet with the Synchronous Phonic Synthesization

赵青靓 赵耀环 王宇鹭

摘要： 现代生活中，方便、高效、完整的记录信息变得越来越重要。常用的录音笔等工具无法与笔记实现一一对应，常见的写字板由于采用专用的书写工具书写过程不够自然。为此我们设计了一种带有同步语音功能的拓纸式手写板。将普通纸张置于该手写板之上，用户可以使用普通笔在其上书写，书写结果可以同时通过纸介质和电子文档两种形式保存。电子文档辅助语音同步输入，书写内容与语音实现直观的图像与语音的同步对应存储和重现。系统具有使用自然、携带方便、成本低廉等优点。该系统在教学与培训、工业设计、医学诊疗以及日常生活和工作交流等领域具有良好的实用价值。

关键词： 手写板，同步语音合成，笔锋形成算法，反走样算法

Abstract: Nowadays, information is becoming more and more important. People are constantly striving to find faster and convenient ways of recording important data and messages completely. Common digital recording tools, such as Digital Voice Recorder can only record voice, and those who uses handwriting pad may find it inconvenient to use a special pen to write. So we designed a new kind of handwriting pad called "Rubbing Tablet with the Synchronous Phonic Synthesization". Users can put a piece of paper over the pad, and use a common pen to write on it. Our pad will store the message in a digital way, and record the user□s voice at the same. When he wants to review his notes, he will find three forms of message: notes on paper, digital data in hard disk and the words he spoke. Convenience is the main attraction of our pad, and that means more than simple portability. It will have high application value in education, industrial design, medical treatment and other areas in daily life.

Keywords: Handwriting pad, Synchronous Phonic Synthesization, Hard brush stoke simulation, Anti-aliasing processing

1 系统描述

1.1 选题背景

近年来，信息科学技术的发展为我们带来了新的信息记录方式，用于输入声音和图像的电子设备已经得到了相当广泛的应用，比如在大众中越来越普及的数码录音笔和手写板。

数码录音笔的主要功能是按照时间顺序记录一定长度的声音信息。现在的录音笔在音质

和录音时长等方面都能达到很高的性能，但是它只能记录声音，并不能手写输入图像。而目前的手写设备大致可以分成两类：第一类是普通电脑手写板，它与电脑连接才可使用，一般使用特殊笔输入，而且通过其书写的内容只能保存为电脑中的电子文档；第二类手写输入装置是以微软公司倡导的书写式电脑 Tablet PC，它不仅可以支持纯文本的输入，而且可以输入各种图形和声音，但价格相对昂贵，并且无法将语音与笔输入同步整合。

本文提出的设备正是为了解决以上几种用于输入声音和图像的电子设备存在的不足，取长补短，在保持现有手写输入设备技术优势的同时，进一步提高与用户交互的自然性，拓展存储媒介，从而进一步扩大手写输入装置的应用领域，使其更加方便好用。

1.2 系统方案

1.2.1 操作系统

本项目采用 Linux 操作系统，以 QT4 开发环境为基础，借助 Linux 的多线程技术，以求在时间轴上连续记录笔迹与语音信号，并加以整合和优化。

1.2.2 扩展硬件

输入设备：为了完成语音和手写图像的输入，需要手写感应设备和麦克风。

手写感应设备：按照工作原理和传输信息的介质，常用的手写感应设备大致可以分为三种，它们分别为电阻式、电容感应式、电磁感应式。其中电容式手写板需要用手触屏，使得人体作为耦合电容一极，对普通笔无效；电磁式手写板虽然定位性能很好，但是必须用特制的手写笔才能工作，不能用普通笔直接操作。针对本项目所需要的能够对普通笔尖进行感应的要求，综合成本、使用寿命等因素，决定采用利用压力本身就能感应出笔尖位置的电阻式压力感应设备——四线电阻式触摸屏。

存储器：选用 CF 卡。它具有非易失性和固态存储的特性，而且比 U 盘具有更快的传输速率。

输出设备：为了完成语音和手写图像的输出，需要显示屏和扬声器。

系统硬件结构如图 1 所示。

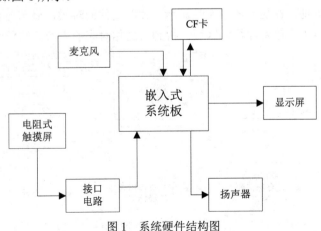

图 1 系统硬件结构图

1.3 功能与指标

1.3.1 图像和声音的同步输入

用户可以将任意普通纸张置于手写板之上，通过普通笔在纸张上进行书写。同时纸张下面的触摸屏通过压力感应得到笔尖的位置，根据用户输入笔迹，将其输入内容以页面的方式保存在手写板自带的存储器中，但并不对其上的文字进行识别。写字板上设置相应的翻页按钮，当用户更换纸张时，写字板软件也相应地将新内容保存在内存中的新"页"，保证存储页面与纸张页面一一对应。本手写板还带有语音输入功能，用户在输入文字的同时可以控制录音开关，通过麦克风对其中的指定部分辅助以相应的语音说明，手写板会记录两者的对应关系，使语音片段和相应的笔输入内容保持同步。

1.3.2 文件的浏览

读取之前输入的图像时，每页形成一张图像，其上的手写输入内容在相应的位置被显示出来。对于那些带有同步语音信息的手写输入，通过背景颜色的变化系统对其进行标记，使得用户在浏览时能够识别哪些内容配有同步语音信息。用户通过鼠标点击这些带有标记的区域，便可在查看这些内容同时收听相应的语音。

1.3.3 其他附加功能

练字描红：按屏幕显示的字帖练习硬笔书法，系统可依据像素的重合程度对输入汉字进行打分评价。

表单填写：签字同时可以记录声音，相当于声音和字体两种形式的身份证明。

2 系统实现原理

手写图像位置的信号通过电阻式触摸屏采样输入，语音信号通过麦克风输入，经嵌入式系统板处理和整合，生成语音信号采样记录文件以及笔记采样记录文件。输入图像经过笔锋形成算法和反走样算法处理，在显示器中实时显示。读取文件的时候，显示器显示出带有语音注释的笔记，用户通过点击有语音注释的区域，得到与之相对应的声音。软件流程如图2所示。

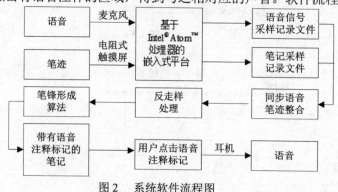

图 2 系统软件流程图

2.1 系统界面

主界面分为记录、回放、练习和表单四个标签页，如图 3 所示，以便于用户在不同功能之间快速切换。为了便于用户理解和使用，所有按钮尽量使用图标的方式。Write 标签页用于文件的记录，Read 标签页用于文件的回放，Exec 标签页用于硬笔书法的练习，Form 标签页用于表单的填写。界面下方的一排按钮功能从左到右依次是笔画宽度调节、画笔颜色选择、清除、保存、向前翻页、向后翻页和录音开关。

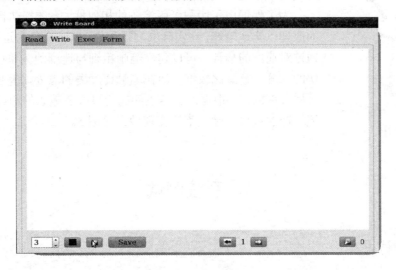

图 3　系统界面

2.2 同步语音笔迹整合

这部分是系统实现的主要创新点和难点。为了能够实现语音和笔迹的同步整合，系统自定义了一种文件格式用于储存笔画，以方便建立笔画与声音的对应关系。

将笔记与录音整合就是建立笔画到声音端点的映射。笔画记录文件由各点记录组成，每个点包含的数据信息为：整型数据 x，表示该点的横坐标；整型数据 y，表示该点纵坐标；字节数据 flag，表示该点所对应的声音段数。当触摸屏上一点被按下时，软件获得相应信号，读出这一点的坐标值，加以记录。同时检测录音开关是否打开，获得声音段落号，以便确定标志的内容。笔画与声音的对应关系如图 4 所示。

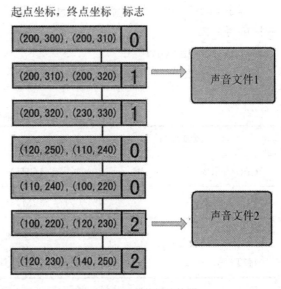

图4　同步语音数据结构图

由于采样频率的限制，两个笔迹点之间是由线段连接而成的，当采样率足够大时，采样点之间的距离就足够小，可以使用线段近似。

2.3 硬笔笔锋模拟

与实际书写用笔不同，电阻式触摸屏只能单点控制一次笔迹信号的采样，只能得到一个点，而实际的各种笔的笔画都有一定的宽度。如果采样点之间直接连线显示字迹，虽然能看清，但不够美观。

为了保证电子版与纸版笔迹的相似性，系统模仿钢笔形成笔锋的原理以实现笔锋。在实际书写过程中，笔画变化与运笔速度有关，通过对速度的估计，可以建立笔画粗细与速度的关系：在笔触速度快的部分，笔画比较细；而在笔触速度慢的点处，笔画较粗。由于采样频率固定，根据相临两点间的距离改变笔画的粗细即可实现硬笔笔锋的效果。硬笔笔锋实现效果见图5。

图 5 硬笔笔锋实现效果图
（白色点代表采样点）

3 系统测试

3.1 系统测试方案

系统测试分为性能测试和功能测试，其中性能测试利用 Ubuntu 自带的任务管理器测量资源的占用情况。功能测试按照之前所设计的功能逐项进行测试。

3.2 测试设备

Ubuntu 自带的任务管理器；
基于 Intel? Atom 处理器的嵌入式嵌入式平台及其他扩展硬件（麦克风，扬声器，显示屏，触摸屏等）；
220V 交流电供电。

3.3 测试数据

表 1 性能测试数据

测试项目	测试结果
CPU 占用率	20%（主频 1GHz）
内存占用率	4%（内存 512M）
实时性	目测没有明显延时
精度	由于视差的存在，具体数值难以手工测量，估计值在 2mm 以内

表2 功能测试数据

测试项目	测试结果
图像的输入	能够实现输入，且目测没有明显延时，有硬笔笔锋效果
声音和图像的时间对应关系	能够正确记录声音和图像的时间对应关系
图像按输入时序回放输出	能够实现
翻页和修改	能够实现
硬笔书法练习和打分	能够正常使用
表单填写	能够正常使用

3.4 结果分析

本设备程序运行对于 CPU 和内存资源的占用不多。对 CPU 的占用主要来自于图像的处理和实时显示。实时性和定位精度可以满足用户使用需求。也能够顺利完成预先所设定的各项功能。可见本设备的性能和功能都能够达到设计要求。

4 总 结

4.1 系统特色

该系统通过普通的纸笔进行书写，且不需特别的数字笔，较为符合人们的日常习惯，使用方便自然。并且输入信息同时有电子版和纸版两份数据保存，能满足一些特殊场合中较高的记录要求。也能够很方便地同时对电子版和纸版进行修改。

该系统可以帮助用户准确、及时地记录输入时的想法和灵感，系统研制的特有的书写与语音的同步批注整合算法，可以加速和完善记录过程，体现了主流、自然的多通道人机交互技术，设计思想先进。

系统不对输入内容进行识别，将其以图形的方式保存，因此不仅支持纯文字输入，对草图（如设计图纸等）、简单美术作品等同样有效，书写和设计时不受设备限制，最大限度的减少了设备对书写者或者设计者思路的影响，自然易用。

4.2 系统的典型应用

本设备可应用于多种行业，如教学与培训、工业设计、医学诊疗以及日常生活和工作交流等领域都具有良好的辅助作用，应用范围广泛，如：

教学与培训中的应用：以往学生在复习课堂笔记的时候只能看到课堂上所记录的板书而并不知道当时老师所讲述的是什么内容。而利用本设备进行课堂记录则不仅能够记录老师所写的板书,而且在记录某段内容的同时,还将老师所讲述的具体内容进行录音,记录笔记更加完整,提高了学习的效率。

工业设计中的应用:优秀的设计作品有时候靠的是可遇而不可求的灵感,遇到灵感时需要尽快完整地把想法记录下来。单纯靠纸笔完成的图像记录可能无法将设计思想完整地表达出来;而利用本设备进行草图绘制的同时,还能通过语音方式记录所要表达的想法,使灵感的记录更为及时和完整。

医学诊疗中的应用:医生在病历中记录的信息仅仅是医生在和病人进行沟通之后得到的结论。所以在医疗事故纠纷中能够找到的证据有限。而且病历可能会由于字迹潦草而难以辨认。利用本设备进行诊断的记录,则可以同时将医生和病人的对话完整地记录下来,而且还有电子版保存,可以在解决医疗事故纠纷方面作为证据发挥作用。

(指导教师:汪国平 参赛学校:北京大学)

评审意见:作品实现了普通纸笔书写时实时书写、语音信息的记录,并能重现书写和语音过程。作品演示时,表现顺畅,性能较好,具有实用价值。

新一代投影演示系统

Design of a Novel Embedded-system-based Presentation Device

廖泥乐　李　聪　刘孟奇

摘要：基于嵌入式系统，通过引入扩展接口、添加记录设备并提出新颖的工作方式来对传统的投影设备进行改进。利用改进后的系统，讲演者不仅可以通过网络交互地控制幻灯片的播放，摆脱频繁插拔 VGA 线的不便，还可以只通过一支普通廉价的激光笔就控制整个讲演过程以及对幻灯片内容添加注解。除此之外，我们的系统仅利用很小的存储空间，即可记录包括讲演者声音、激光点的移动、添加的注解和幻灯片播放进度在内的整个报告讲演的过程，同时在占用较小网络带宽的情况下将整个过程向远程的客户端直播。

关键词：投影演示系统，手势识别，人机交互，远程控制

Abstract：This design adopts embedded-system design to upgrade the traditional projector, by introducing extended ports and recording devices, as well as brand-new operating method. With the upgraded design, projector user can interactively play PowerPoint slides over LAN/WLAN link without plugging and dragging the awkward VGA cable, and control presentation progress as well as annotate directly using a cheap laser-pointer. Besides, the new device can record the whole presentation with high-quality (including voice, pointer movement, annotation, and presentation progress) into a very small file, or concurrently broadcast the presentation over the internet to remote client PCs using limited bandwidth.

Keywords：Presentation device, Gesture recognition, Human-machine interaction, remote control

1　系统方案

针对目前投影演示系统在演示的操控方式、交互渠道等方面的诸多不足，在此提出一种投影演示系统的构想。这种构想的本质就是将嵌入式系统板和普通投影仪组合在一起，构成一台具备更多功能的投影设备。它可以实现激光手势、多机播放、网络直播、记录重放、实时反馈和幻灯片背景动态切换等功能，极大地方便讲演者的操控、提高讲演的效果、帮助听众温习、节省讲演者前期的准备时间。此外，还能兼容传统的教学投影演示模式，即允许 PC 输出视频信号给投影仪显示。

为实现所述的新型投影演示系统，本系统的设计采用了图 1 所示的结构。在此结构中，嵌入式系统板处于核心地位，负责数据的处理、多用户的接入和信息的存储。除了连接 TCP/IP 网络的 LAN 接口之外，拾音器、遥控接收器、无线键盘、WLAN 适配器都将在本系统中发挥作用。

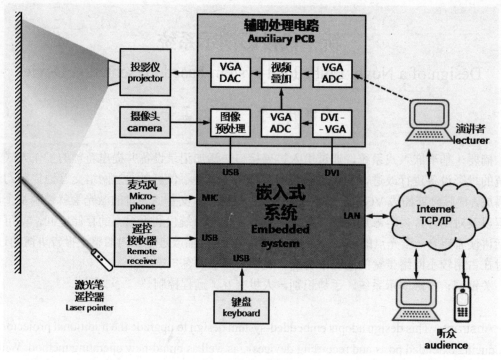

图 1　系统框图

2　功能和实现原理

本系统的部分功能（激光点位置的提取识别、演示现场录音的存储记录、远程广播和控制）可以在任意平台上实现。但是由于希望能通过软件控制 PowerPoint 的播放、动作录制、屏幕书写勾画、激光点的实现等功能，因此选用了能够运行 PowerPoint 的 Windows XP 系统。本系统可以实现功能如下。

2.1　用激光点模拟鼠标和激光点手势

2.1.1　功能

正如前文所述，用激光笔来代替轨迹球、指点杆等设备能极大地提升用户体验（尤其是需要灵活地在屏幕上勾勒曲线、圈点重点、书写文字等场合下），而且激光笔本身也可以采用价格较低的中档产品。这类遥控激光笔除了投射出激光点外，一般有多个遥控按键。在采用嵌入式系统之后，该遥控器的接收端可以直接连接到嵌入式系统上，获取这些控制信息。

2.1.2　实现

为了获取激光点位置信息，首先用摄像头拍摄屏幕区域（可能存在畸形失真、背景随机、亮度不定等问题），然后采用硬件对所获图像进行压缩，屏蔽不必要的信息，最后传递给嵌入式系统进行处理。硬件结构如图 2 所示。

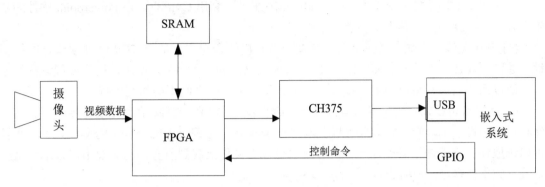

图 2 硬件结构图

嵌入式系统先提取出投影区域的边框，记录边框四个顶点的位置。在成功提取出边框以后，软件切换到光点提取模式，同时给 USB 发送切换模式的标志信息，使硬件模块切换到光点提取模式，发送光点坐标。之后软件循环等待接收来自 USB 的信息，接收到光点信息后，经过映射计算出相对计算机屏幕位置，再控制鼠标移动到该位置。

由于我们能用激光笔来完全替代鼠标，因此可以使用鼠标手势识别软件来识别激光点手势。

2.2 跨平台、跨距离的控制播放

2.2.1 功能

现有的教学投影演示系统的放映区仅限于会场之内，听众只能由幕布上的投影图像来获取演讲内容，场外观众无法通过既有效又低成本的途径来实时了解会场中的讲演情况（视频电视直播、网络直播都需要很大的代价）。虽然最新版本的 PowerPoint 软件新增加了 SharePoint 的功能，能将当前演示文件共享到 Web 页面上，以便其他网络用户通过这个网址同步观看。但是这种同步播放的信息量十分有限，它只会实时更新 PPT 播放的最新状态（即当前处在第几张幻灯片中第几个动画的位置），因此，远程的用户不能得到有效的现场信息（讲演者的语音和激光点指示位置等）。此外，该功能必须通过微软的服务器来完成，国内大多数教育网用户使用该功能都会受到一定限制。

在本设计中，由于嵌入式系统已经拥有所有的演示信息（PPT 文件及其播放过程、激光点的坐标和移动过程），因此，只需要简单的加上现场的拾音器（主要指向讲台区域）即可获得完整的现场。通过将嵌入式系统改造为服务器，就可以实现向远程的用户提供当前 PPT 播放的最新状态、演讲者激光笔指示的位置信息、现场同步录音。远程用户就能用最少的资源（接入带宽）而获得最有效的现场信息（PPT 的矢量图形、完整而清晰的激光点/鼠标指示信息），实现经济而高质量的网络直播、远程教学的目的。

由于实际播放 PPT（将 PPT 显示为视频）的软件是嵌入式系统中运行的程序，而嵌入式系统与演讲者之间的接口又是通用的 TCP/IP 接口，因此可以使用多种不同的方式来控制演讲过程。这样演讲者可以通过网络远程控制嵌入式系统播放 PPT，听众可以利用网络从嵌入式系统下载课件而后与会场演示同步播放。

2.2.2 实现

为了实现上述功能，基于 Visual Studio2010 平台，利用 C#语言，在 Powerpoint 软件的基础上开发了一款插件，其主要功能如下：

(1) 利用无线、有线网络，将听众和演讲者有机结合起来，基于 TCP/IP 协议进行网络编程，通信的双方一端是 Server（服务器），一端是 Client（用户），由于采用多线程编程的方式，所以系统支持多用户的工作模式，各个线程（用户）之间不会相互干扰。

(2) 演讲者可以以管理员身份登录并且上载要演示的 PPT 文件，服务器端将接收到的文件保存至固定目录下，听众登录后可以获取 Server 端保存上载文件的路径下的文件列表，并且可以选取任意文件进行下载，同样，听众也可以将文件上载到服务器与其他用户共享，这种上载下载支持多用户同时进行。

(3) 利用网络广播演讲信息，服务器端可以将演讲现场实时的 PPT 状态信息（第几张幻灯片第几个动画）、来自本地软件提取的激光笔光点位置信息、现场录音信息通过三条相互独立的通道发布出去，完成广播功能。

(4) 由于支持文件的上下载，那么远程用户可以获取当前演讲者的演示文件，并且接收到来自服务器的实时广播信息，就完全可以同步到现场的播放演示了，并且，多维同步信息对于远程用户理解演讲内容是大有裨益的，这样即便不在现场，听众也能真切地感受到现场的一切，一举解决了现有传统教学模式的诸多痛点。

(5) 由于 TCP/IP 协议支持双向通信的机制，这为增加教学过程中讲演者和听众的互动提供了可能，演讲者可事先在幻灯片中预存好问题，或者现场口述问题，然后发布提问命令，当用户接收到提问命令后，会弹出接受用户输入的对话框，用户可以输入自己的回答或选项回馈给服务器端，服务器端则作出一些简单统计并且动态显示出实时的回馈信息供演讲者观看。这种功能换种角度就能工作在其他模式下，比如不记名投票，或者用户任意提问，讲演者选择性回答；另外，考虑到不可能所有的听众都会携带个人 PC 进入会场，造成现场交互的参与率不高，但是手机却几乎是人手必备的，所以我们还利用了在手机上应用最为普遍的 Java 语言编写了一款简单的信息传送软件，它也可以连接到我们的嵌入式系统，并且向嵌入式系统发送任意文本信息，也能方便的参与到现场交互上来。

2.3 现场记录与回放

2.3.1 功能

传统的现场记录方式多数采用视频摄像方式，而这样做一方面文件尺寸很大、制作、存储、传输的代价很大，而且真正的页面细节也并不清楚。有的剪辑及系统采用视频和 PPT 页面相互结合的方式，以展现清晰地 PPT 内容，但是显然此时却又不能体现激光点的位置。

类似于网络直播的情况，由于嵌入式系统已经拥有了完整的演示现场信息，因此只需要将上述信息如实地存储下来，就可以实现现场的记录。

2.3.2 实现

在记录的时候，前面提到的插件程序会为已保存的激光点位置文件，录音文件贴上时间标签，再结合 PPT 播放状态信息，配合本地播放软件可以进行重现。

2.4 自动背景动画、多视频技术

2.4.1 功能

传统投影演示中，投影影像完全来自于演讲者 PC，其美观与否完全取决于演讲者花在 PPT 制作上的心思。这样虽然能体现不同演讲者的水平，但是也带来了一些不必要的时间开销。

新的系统提供一个 VGA 输入口以便兼容老式的系统（在网络完全瘫痪的极端情况下使用）。而充分利用这个输入口，通过在辅助处理电路中添加简单的视频叠加功能（16 级透明度合成），将该输入信号和来自嵌入式系统的 PPT 视频信号进行叠加后输出到投影仪，就可以得到本系统的另外两种特色功能：

1. 自动背景动画

演讲者不需要在 PPT 制作上绞尽脑汁制作花哨的背景，只需要会场的组织者（通过另一台计算机来播放）与会场环境、主题氛围相融洽的自动背景和动画，则演讲者十分朴素的 PPT 页面（其背景色可以通过嵌入式系统获取，并在视频叠加时设定为透明色）就可以显得很工整和应景。

2. 双重投影

允许两个讲演者的 PPT 在投影上同时出现。只需要预先约定各自的现实区域，就可以完成无缝的配合，从而在一些特殊的场合实现极其灵活的功能——因为两个 PPT 可以来自不同的制作者，也可以完全独立地进行播放。

2.4.2 实现

我们设计的叠加模块输入为两路 VGA 信号；VGA 信号是模拟信号，所以为了实现数字域的视频叠加需要两片 AD 将其转换为数字信号，另外其 15 针接口中不含有像素时钟，因而还需要相应的锁相环对行同步信号倍频出像素时钟；模块要对两路 1024*768 的场频为 60 的 SVGA 信号进行叠加，所以需要缓冲区来对一路视频数据存储，供叠加时提取，考虑异常信号的数据量为 0.7M*24bits（约 2MB），且像素时钟高约 70M，普通的 SRAM 容量较小，2MB 容量的价格很高，所以选择 SDRAM 来做视频的缓冲存储区；最后还需要一片 DA 将叠加后视频数据转换回 VGA 信号。在这个功能实现中嵌入式系统作用是控制视频叠加的透明度从而控制两幕切换。如图 3 所示。

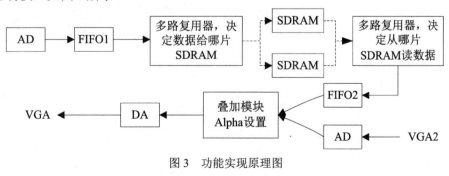

图 3 功能实现原理图

3　系统测试结果

通过测试，系统可正确实现以下功能：

(1) 教师可以通过局域网或无线局域网控制 PPT 显示。

(2) 场外观众可通过互联网观看 PPT 直播，包括 PPT 实时状态信息、演讲者语音和激光光点位置信息。

(3) 听众可以随机回放 PPT 放映，包括 PPT 实时状态信息、演讲者语音和激光光点位置信息。在 100 英寸的屏幕上，捕获的激光点的实际位置偏离小于 1cm，这意味着在 1024*768 投影模式下像素偏差不超过 10 像素。

(4) 激光可以灵活地控制鼠标移动，利用激光轨迹模拟鼠标手势，手势识别率超过 90%，实施命令快捷而友好。

（指导教师：陈　江　参赛院校：北京大学）

评审意见：作品在嵌入式平台上扩展了激光笔、视频采集等设备，实现了基于手势控制的新颖的投影演示系统。演示表明手势识别和交互的准确率高，现场录像、回放及 TCP/IP 远程监控、手势标注、存储等功能设计合理，较为人性化，实用性、可靠性高。

具有触觉反馈机制的增强现实体验平台
Augmented reality experience platform with force-feedback mechanism

张新禹　赵　晨　许昌达

摘要：本文介绍了一个结合增强现实、惯性导航和力反馈技术的体验平台。该平台在功能上以实现人手的握力感为基础，构建了一个可操作的增强现实环境。在硬件上，本平台充分利用基于 Intel® Atom™ 处理器的嵌入式平台的多媒体处理能力，将其作为数据处理的核心单元，配合为此平台专门研制的具备全方位数据采集功能的外骨骼式力反馈机构和局部外围电路，保障了平台稳定流畅地运行；在软件上，以捷联导航系统算法、基于视觉的三维空间注册算法等为基础，高效地实现了虚拟装配、体感游戏和具有触感桌面应用等功能。相比市面上现有的类似系统，具有成本低、用户体验性好、功耗低等优点，为将来实现消费级的可移动增强现实系统铺垫了一定基础。

关键词：增强现实，力反馈，惯性导航

Abstract: The paper introduces a new experience platform which is based on the combination of the augmented reality technology, strapdown inertial navigating system and force-feedback technology. It builds an operational augmented-reality environment. On the hardware aspect, the platform uses the Intel Menlow embedded platform as the central data handling units and fully exerts its powerful ability to handle multimedia data. The platform contains a Force-back exoskeleton attached with local peripheral circuits which can collect and process the comprehensive data of the tester′ hand. On the software aspect, the platform based on the strapdown navigation algorithm and the three-dimensional registration algorithm can effectively realize the feature including virtual assembly, and experience games or movable desktop with feeling of grip.Compared with some existing similar system, this system has the advantages of low cost, good experience and low power consumption. These advantages will lay a foundation for future implementation of portable augmented-reality embedded product.

Keyword: Augmented Reality, Force-back, Inertial Navigation

1　选题背景

随着计算机技术的日益发展，图像处理能力突飞猛进，虚拟三维空间越来越真实，现实空间的重构能力也大幅提升，增强现实（Augmented Reality）技术的出现，更将现实与虚拟环境融为一体。让人们可以结合虚拟化技术来观察真实的世界，提供给人一种源于现实而超于现实临场体验，见图1描述。

随着互联网技术的发展，面临着这样一个知识爆炸的年代，如何提高人的认知能力，就显得尤为重要。在心理学中，认知（Cognition）是依赖于形成概念、知觉、判断或想象等心理活动来获取知识的过程，即是个体思维进行信息处理的心理功能。而在人认知的过程中，视觉信息和听觉信息占了很大的比重，但触觉、味觉和嗅觉信息也同样占据了约 10%~20% 的信息量，一旦触觉、视觉和听觉信息多重聚合之后，人对虚拟信息的认知过程将会有革命性的突破。当今的计算机技术在视觉和听觉方面已经日趋成熟，而触觉、味觉等信息的虚拟技术却无重大突破，尤其是能作为消费级电子产品的触觉虚拟技术亟待发展。

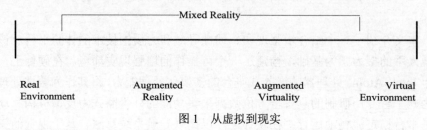

图 1 从虚拟到现实

2 系统总体实现方案

2.1 系统功能

系统将虚拟场景与现实场景相结合，在真实的场景中生成虚拟的物品，用户可以自由地操作虚拟手在场景中任意旋转、移动和操作虚拟物体；系统的力反馈模块能够在用户抓到虚拟物品时反馈给相应关节施加力量，让用户对虚拟物品产生"触觉"，使虚拟物品感觉更加真实。

系统能够实现诸如虚拟装配、游戏娱乐、虚拟桌面等多种应用。并且能够进行进一步扩展，将用户感兴趣的虚拟模型导入场景中，与用户进行互动。

系统功能框图如图 2 所示。

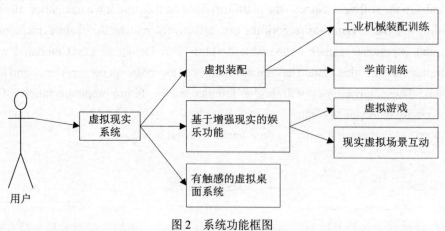

图 2 系统功能框图

2.2 系统总体组成

2.2.1 硬件框架

硬件平台主要由传感器系统、力反馈系统、视频捕捉系统和视频混合回放系统组成，见图 3。在运算部分，系统选择以基于 Intel® Atom™ 处理器的嵌入式平台为核心承担了系统中最为繁杂的视频处理和实时力反馈模型计算的任务。同时为将其从单一而数量巨大的矩阵运算中解放出来，充分发挥 x86 平台在多媒体方面的优势，因此选择了外置单片机来进行姿态、位置和形状数据的采集和处理。在回放方面，本系统选用了头戴显示器作为主回放设备，以提供用户 360°全景的视觉体验，大幅提升了视觉方面的临场感。在力反馈方面，系统通过 USB 接口，连接了一套外骨骼式力反馈设备，提供了除视觉之外更多的增强现实体验。

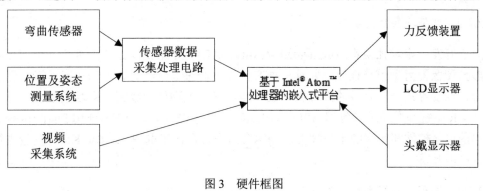

图 3 硬件框图

2.2.2 软件框架

摄像头捕获到数据之后将真实场景直接输出的同时，进行标志物识别，转换参考坐标系从摄像机坐标系到标志物坐标系上；虚拟模型和手在经过骨骼动画和碰撞检测模块处理之后，渲染到标志物坐标系上。软件框架见图 4。

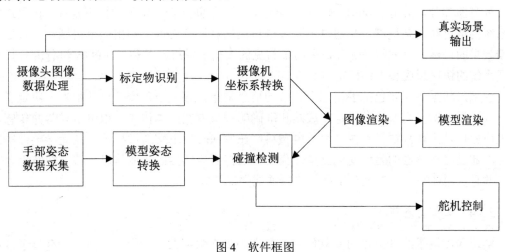

图 4 软件框图

25

2.3 系统原理

2.3.1 手部位置测定

用一套捷联陀螺-加速度-磁力计综合敏感器来给手部姿态和位置测定。这里需要用到两个不同的坐标系，一个是参考坐标系，系统取大地作为固定的参考坐标系；另一个是相对于运载体固定的载体坐标系。运载体可绕任意方向自由转动。陀螺仪、加速度计以及磁力计的值通过中央的 stm32 处理器多通道的 AD 进行定时采样，转换出来的数字量经过处理后发往整套系统的核心——基于 Intel? Atom 处理器的嵌入式平台。利用陀螺仪提供的转动速率的测量值，系统储存的姿态信息可以随着运载体的转动而更新，配合加速度计和磁力计的值来完成姿态校正。

2.3.2 增强现实功能实现

对于开发一个增强现实(Augmented Reality，AR)程序来说，比较困难的一个部分是实时的将虚拟图像覆盖到用户视口，并且和真实世界中的对象精确对齐。为实现虚拟与现实场景的结合，需要寻找一种有效的摄像头识别算法，将三维物体加载到二维场景中去。目前常用的用于 AR 系统开发的工具包和 API 有 ARDK、ARToolKit、Coin3D、MR Platform 等。考虑到代码的可移植性和实现的难易程度，经综合考虑之后决定选用 ARToolKit 开发包进行增强现实程序的开发。

2.3.3 手部力反馈系统

实现虚拟现实或现实增强技术的核心，是让使用者产生一种强烈的临场感，视觉和听觉都已经有较为完善的虚拟设备，然而触觉方面却亟待发展。综合对国内外多种力反馈装置设计结构的研究，决定采用自行设计的一种新颖的外骨骼结构，在结构保持尽量简单的前提下，实现每个指头两个自由度的力反馈效果，且力反馈的力度较大，能提供更好的反馈效果。

外骨骼部分，采用了 6061 航空铝合金进行加工，并配合常用的国标五金件，极大地降低了系统的造价和复杂程度，又通过不断改进自己的算法，实现了利用简单机械达到较好的力反馈效果的目标。机械驱动部分，采用了常见的大扭矩舵机，并利用 FPGA 进行并行控制，实现系统的快速反应和工作稳定。

手部形状采集主要包括手指三个关节的信息采集，各关节角度信息从根本上决定了系统的交互效果，所以需要一种稳定、成熟和准确的测量方案。本作品采用电阻式弯曲传感器，其组成原理是由两片铜箔夹住一块导电塑料，在弯曲时导电塑料被拉伸，从而导电性质发生变化，通过对传感器的阻值变化测量，我们可以得到传感器的弯曲信息。该方案较为容易实现，并且占用体积小，有批量生产的传感器能保证性能稳定。

2.3.4 头部姿态获取

实现 VR 场景的 360 度可见功能，需要考虑到人眼部的移动问题，由于现有显示设备功能有限，无法实现完整的 360 度显示，只能间接地利用小视角跟随移动来模拟全向视角。视角的跟随对角度测量要求很高，需要利用视频眼镜中内置的两轴陀螺仪进行姿态测量，并且利用相应的开发包，将姿态测量结果融入到我们的虚拟场景中，在空间中无参考标的的情况下，也能完整地实现视角的跟随转动。

3　系统测试

由于本系统包含了大量的软硬件平台，故测试分为三大部分：传感器测试、软件测试和力反馈测试。以下是我们针对各功能模块的测试方法和结果。

3.1　测试设备及方法

软件测试：

平台：采用基于 Intel? Atom□ 处理器的嵌入式平台

芯片组：为 Intel Poulsbo SCH(内置显卡)

显示器：为 Lenovo 19 寸液晶显示器。

视频采集设备：采用型号为 Logitech 2-MP Portable Webcam C905 的 USB 摄像头，内置菜单设定参数，可调颜色、图像均衡等。

软件开发工具：Visual C++ 6.0。

实验图像分辨率大小为：800*600。

图像采集方式：帧方式。

3.2　测试数据

3.2.1　系统热点测试

Intel Vtune 性能分析器，能够发现系统的性能瓶颈，发现系统中最耗时的部分，从而能够实现对系统的针对性的优化。分析结果见图 5。

Name	C...	CPU_...	CPU_CLK_UNH...	Segment	Offset	RVA	Size	Clas
labeling2	1,671	28.98%	3,786,486,000	0xFFFFFFFF	0x22EFD	0x23EFD	0xC18	
mat4_transform	851	14.76%	1,928,366,000	0xFFFFFFFF	0x1180	0x2180	0xB0	
draw	325	5.64%	736,450,000	0xFFFFFFFF	0x4A90	0x5A90	0x5C0	CMS3DFile
vec4_fromXYZ	261	4.53%	591,426,000	0xFFFFFFFF	0xE90	0x1E90	0x60	
size	191	3.31%	432,806,000	0xFFFFFFFF	0x5DD0	0x6DD0	0x70	std::vector<ms3d_vertex_t, std::allocator<ms3d_vertex_t> >
operator()	157	2.72%	355,762,000	0xFFFFFFFF	0xA170	0xB170	0x40	std::set<unsigned int, std::less<unsigned int>, std::allocator<uns
GetVertexAt	144	2.50%	326,304,000	0xFFFFFFFF	0x37C0	0x47C0	0x80	CMS3DFile
operator()	136	2.36%	308,176,000	0xFFFFFFFF	0xB9B0	0xC9B0	0x50	std::less<unsigned int>
arGetPatt	131	2.27%	296,846,000	0xFFFFFFFF	0x1CE60	0x1DE60	0x7C4	
begin	122	2.12%	276,452,000	0xFFFFFFFF	0x7230	0x8230	0x40	std::vector<ms3d_vertex_t, std::allocator<ms3d_vertex_t> >
_Key	118	2.05%	267,388,000	0xFFFFFFFF	0xA1B0	0xB1B0	0x50	std::_Tree<unsigned int, unsigned int, std::set<unsigned int, std::
_Value	114	1.98%	258,324,000	0xFFFFFFFF	0x8CB0	0x9CB0	0x30	std::_Tree<unsigned int, unsigned int, std::set<unsigned int, std::
operator[]	110	1.91%	249,260,000	0xFFFFFFFF	0x5E40	0x6E40	0x50	std::vector<ms3d_vertex_t, std::allocator<ms3d_vertex_t> >
arModifyMatrix	98	1.70%	222,068,000	0xFFFFFFFF	0x20840	0x21840	0x436	
<virtual.exe unresolved addresses>	90	1.56%	203,940,000	0xFFFFFFFF	0x0	0x0	0x0	
arGetNewMatrix	86	1.49%	194,876,000	0xFFFFFFFF	0x1ED5F	0x1FD5F	0x223	
arGetRot	79	1.37%	179,014,000	0xFFFFFFFF	0x1EB8E	0x1FB8E	0x1D1	
_Right	74	1.28%	167,684,000	0xFFFFFFFF	0xA260	0xB260	0x30	std::_Tree<unsigned int, unsigned int, std::set<unsigned int, std::
size	72	1.25%	163,152,000	0xFFFFFFFF	0x60D0	0x70D0	0x70	std::vector<ms3d_triangle_t, std::allocator<ms3d_triangle_t> >
arGetContour	68	1.18%	154,088,000	0xFFFFFFFF	0x223E9	0x233E9	0x41D	
_chkesp	67	1.16%	151,822,000	0xFFFFFFFF	0x290B0	0x2A0B0	0x6	
_Parent	58	1.01%	131,428,000	0xFFFFFFFF	0xA230	0xB230	0x30	std::_Tree<unsigned int, unsigned int, std::set<unsigned int, std::
insert	55	0.95%	124,630,000	0xFFFFFFFF	0x8E10	0x9E10	0x320	std::_Tree<unsigned int, unsigned int, std::set<unsigned int, std::
_Left	48	0.83%	108,768,000	0xFFFFFFFF	0xA200	0xB200	0x30	std::_Tree<unsigned int, unsigned int, std::set<unsigned int, std::

图 5　Intel Vtune 性能分析器分析结果

系统软件各部分运行占用资源比例：

标志标系转换处理部分（labeling2）	20.98%
矩阵与向量乘法（mat4_transform）	14.76%
图像渲染（CMS3DFile::draw）	5.64%
点坐标-向量转换（vec4_fromXYZ）	4.53%

由上表可以看出，标志标系转换处理部分，所占系统资源最多，原因是此部分需要大的数学运算，因此是整个系统的热点所在。

3.2.2 CPU利用率测试

利用Intel Vtune还能对系统对CPU的利用情况进行测试。测试结果如图6所示。图中橘红色曲线表示系统对CPU1的利用情况，深蓝色虚线表示系统对CPU2的利用情况。

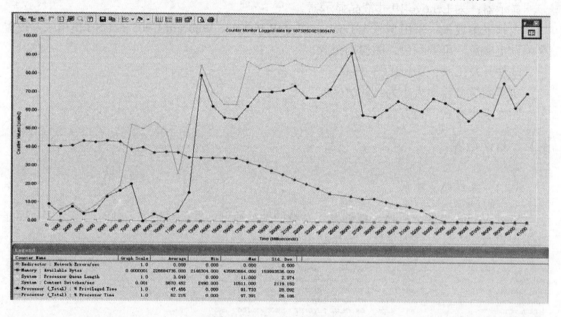

图6 CPU利用率测试图

由测试结果可以看出，本系统对两个CPU核心的利用率都较高，对大赛提供平台的超线程功能实现较为充分。

3.2.3 力反馈部分测试

力反馈部分的测试主要针对碰撞位置预估效果和响应时间进行了测试。碰撞位置预估效果的测试我们选用了常见几何体进行测试，包括：圆柱体、球体和立方体。测试的标准以测试者手的握持感为准，首先提供真实的几何体给测试者握持，感受真实的握持感，随后在系统中生成虚拟的物体，测试者戴上力反馈外骨架系统，在空间中弯曲各手指，感受力反馈效果。我们规定测试效果等级如下：A□ 非常正确，B□ 能产生近似握持感，C□ 有一定误差，D□ 完全不正确，每个测试者对五个指头分别评分，评分结果按照拇指-小指的顺序排列。结果如下：

几何体	测试者 A	测试者 B	测试者 C
圆柱体	BAABB	AAABB	BAABC
球体	BAAAB	BAABC	BAABB
立方体	BAACC	AAABC	AABCC

结论：测试结果表明，本系统针对球形物体的握持感较好，对应不同测试者的手形有一定的适应性。基本符合系统设计的预期。

图 7　不同几何体力反馈测试

3.2.4　响应时间测试

系统的响应时间测试我们采用了分步测量的办法，首先我们测试碰撞系统的刷新速度，然后测量舵机双向全程旋转所需时间。由于 FT-245BM 芯片实际传输速率超过 1Mbps，同时 FPGA 芯片也工作在 10M 的频率下，故传输的时延可近似忽略。所以响应时间可近似认为是前两项之和，按上述方法我们得到系统的最大时延：

$$T_{\text{delay}} = \frac{1}{25}\text{s} + 0.27\text{s} = 0.31\text{s}$$

上述结果在可接受范围内，基本实现了系统设计的预期效果。

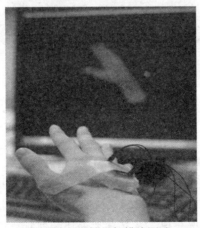

图 8　惯性导航模块测试

3.2.5 姿态及定位测试

姿态测试中,我们通过量取真实的欧拉角以及通过测试程序读取 IMU 反馈给主机的欧拉角,进行导航模块测量的角度精确度测试。我们测试的数据如下表:

角度 轴向	计算出的欧拉角			实测的欧拉角		
	第一组	第二组	第三组	第一组	第二组	第三组
Z 轴转角	46.7658?	24.4347?	18.4498?	46.2?	24.0?	18.0?
Y 轴转角	32.4345?	45.6674?	35.4456?	32.0?	45.1?	35.0?
X 轴转角	23.4548?	35.4547?	16.4752?	22.9?	35.1?	15.9?

经过计算可得出系统测试角度偏差约为 0.5°。

位移 轴向	计算出的位移			实测的位移		
	第一组	第二组	第三组	第一组	第二组	第三组
X 轴位移	0.5446m	0.0034m	0.0014m	0.55m	0.0163m	0.0022m
Y 轴位移	0.0012m	0.4458m	0.0024m	0.00m	0.4357m	0.0140m
Z 轴位移	0.0242m	0.1923m	0.6645m	0.01m	0.1884m	0.6690m

经过计算可以得出系统测试位移偏差约为 0.01m。

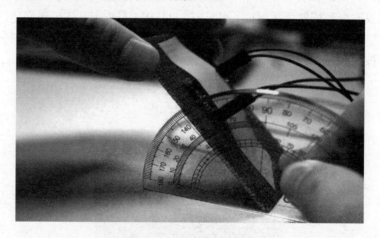

图 9 姿态准确测定

(指导教师:马志峰 参赛院校:北京理工大学)

评审意见:该作品充分利用基于 Intel? Atom? 处理器的嵌入式平台,研制了具备全方位数据采集功能的外骨骼及反馈机构和其他电路,使平台稳定流畅地运行。在软件上,以捷联导航系统算法、基于视觉的三维空间注册算法为基础,实现了虚拟装配、体感游戏和具有触感桌面应用等功能。作品设计原理合理,具有自主设计和创新。

基于 Intel® Atom® 处理器的纸币清分鉴伪系统
The banknote Counting and Sorting system based on Intel® Atom™ Processor

范振亚 解加华 林宇晗

摘要：本作品是基于基于 Intel® Atom® 处理器的嵌入式纸币清分、鉴伪系统。该系统基于 Intel® Atom® 处理器，扩展 PCI 数据采集卡、模拟前端（AFE）信号调理板等外围硬件，应用磁、红外、图像信息进行判断，具有纸币真伪、残缺、新旧和面额识别功能。软件部分使用 PLXSDK 开发了 PCI 驱动，使用 C#开发了 GUI，使用 OpenCV 设计了清分算法，并通过 Integrated Performance Primitives(IPP)和 Thread Building Block(TBB)工具进行优化，实现了纸币识别功能。最后，通过合理的测试方案，对系统的性能进行了评估。本作品在金融等行业具有实际应用价值。

关键词：纸币清分，PCI 采集与传输，IPP，TBB，OpenCV

Abstract：This is a system that counts and sorts banknote based on Intel® Atom® processor. The system is based on the Atom processor，expanded with PCI data acquisition card，signal conditioning board at Analog Front-End(AFE) and other peripheral hardware. The system sorts banknotes with magnetism，infrared ray and image information，and can distinguish fake banknotes，incomplete banknotes， new vs old banknotes and their face value. The software of the system utilizes the modular design method，develops PCI driver modules using PLXSDK，develops GUI in C# language，designs the counting and sorting algorithm with OpenCV and optimizes it with Intel's IPP and TBB，thus realizes the function of banknotes recognition. Finally，the functions of the system are evaluated through an appropriate test scheme. This design is of high practical application value in the financial and other industries.

Keywords：Banknote counting and sorting，PCI，IPP，TBB，OpenCV

1 系统方案

1.1 系统整体方案概述

本系统使用基于 Intel® Atom® 处理器的嵌入式平台，通过 PCI 总线接口扩展了 PCI 数据采集卡，并设计了模拟前端调理板，应用对纸币的磁、红外、图像信息进行判断，实现了纸币的清分鉴伪功能。该系统主要由三部分组成：

(1) 模拟前端调理板：主要负责对前端传感器所采集的纸币信号的放大，滤波等处理，提高模拟信号的质量。

(2) PCI 数据采集卡：主要负责系统机械的控制，纸币数据的采集以及将采集的数据通过 PCI 总线传输到竞赛平台。

(3) 系统软件：主要在竞赛平台上负责对采集到纸币的信号进行运算处理，综合判断后，给出纸币的真伪、面额、新旧、污损率 4 个方面信息以及所有经过清分的纸币的整体统计信息。

系统整体结构如图 1 所示。

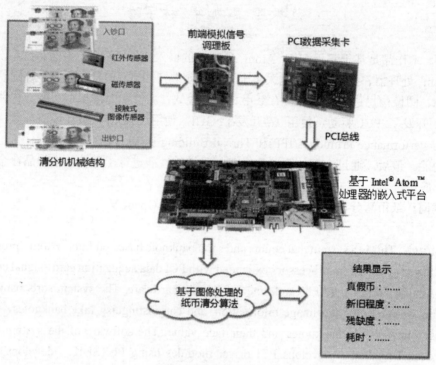

图 1 系统整体结构

1.2 系统功能与指标

系统的主要功能包括面额识别、真伪币鉴别、残缺度评估、新旧程度评估等四个方面。本系统的功能和欲达到的性能指标如表 1 所示，在保证以上功能指标的同时还要求有一定的识别速度。

表 1 系统功能与性能指标

功 能	性能指标
识别面额	正确率大于 95%
识别真假币	正确率大于 95%
识别残缺度	误差小于 5%
识别新旧程度	至少 12 个等级
识别速度	100 张/分钟左右

2 硬件设计

2.1 模拟前端（AFE）信号调理板

模拟前端信号调理板主要用于对前端传感器的信号进行滤波放大处理，并提供机械控制接口。传感器主要包括三大部分：磁传感器，红外传感器，CIS 图像传感器。其中，磁传感器主要用于采集纸币的磁安全线的信息，该信号属于微伏级信号，频带宽度在 1kHz 左右，需要放大 10000 倍并滤波；红外信号主要用于采集纸币的光强吸收率信息，该信号属于毫伏级，频带宽度在 1kHz 左右，需要放大 300 倍左右并滤波；CIS 图像传感器用于采集纸币的图像信息，该传感器需要对控制电路滤波。因为传感器工作时钟为 8M，故图像信号频带较宽。为了满足信号放大的要求，系统选用了 AD8051 宽带运放。同时，为了去除环境影响，提高图像质量，需要对信号做基电平减法后进行放大。

模拟前端调理板的结构如图 2 所示。

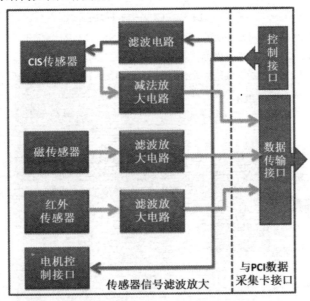

图 2 模拟前端调理板结构图

2.2 PCI 数据采集卡

PCI 数据采集卡主要用来对前端模拟信号进行 AD 转换、存储，再通过 PCI 总线发往基于 Intel² Atom□ 处理器的嵌入式平台进行处理。采集卡由一片 CycloneII FPGA 作为主控，控制高速 AD 对 CIS 信号进行采样，将图像数据按顺序存入一块片外 SRAM 中。待一幅图像采集完毕后，Intel² Atom□ 处理器通过 DMA 方式将数据取走。磁、红外传感器数据量相对较小，在 FPGA 的内部 SRAM 进行暂存。

考虑到实现难度和开发周期，系统选择 PCI9054 作为 PCI 接口的桥接芯片。PCI9054 与 PCI v2.2 规范兼容，拥有两个 DMA 通道。32bit*33M 条件下理论传输速度是 132MB/s，在 16 位宽本地总线下实测传输速率可以达到 10MB/s 以上，完全满足系统所需图像数据传输带宽。

PCI 数据采集卡整体结构如图 3 所示。

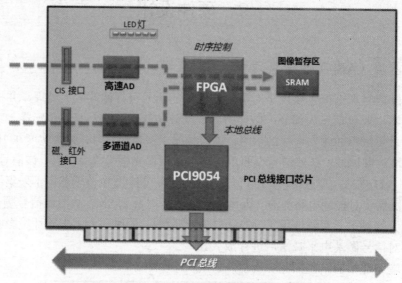

图 3　PCI 采集卡模块图

FPGA 主要用于 A/D，PCI9054 的本地总线，SRAM 的存储时序控制，机械结构控制与 LED 状态等的控制。其内部模块图如图 4 所示。

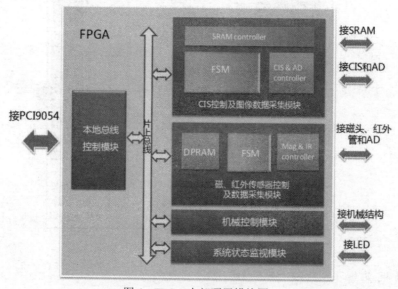

图 4　FPGA 内部顶层模块图

3　软件设计

3.1　软件整体方案

对于软件，系统采用模块化设计思想，各软件模块均以 DLL 格式封装，有效地降低了系统的耦合度。其中驱动及设备控制模块采用 PLX PCI SDK 4.40 开发，充分利用 PLX 公司对其芯片优化后的代码，高效地实现了上位机对设备的控制及大量数据传送功能；算法模块借助 OpenCV 及 Intel TBB 的支持，实现了所设计的功能，并且明显地提升了系统性能；为更好地发挥 Menlow 平台的优越性并且考虑到开发难度，我们选用了 Windows XP 操作系统，同时用户图形接口则采用了 Visual C# .Net Framework 3.5 进行设计，给用户带来了更好的操作界面和视觉体验。软件整体方案如图 5 所示。

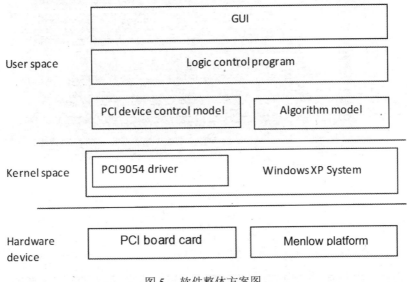

图 5　软件整体方案图

3.2　PCI 驱动及设备控制

PCI 驱动及设备控制程序采用的是 PLX 公司的 PLX PCI SDK v4.40 进行开发，这是因为 PCI 总线接口芯片使用了 PLX9054，使用 SDK 进行开发不仅有效地提高了开发效率，减少了开发周期，也提高了系统的鲁棒性，减少了程序的出错率。模块设计采用 DLL 封装成函数库形式，降低了代码的耦合度，提高了系统的灵活度。模块结构如图 6 所示。

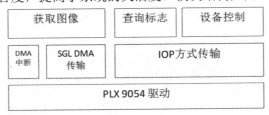

图 6　PCI 驱动模块结构图

3.3　纸币清分算法设计实现

纸币清分算法部分在 Intel? Atom 处理器上，基于 Windows XP 操作系统，使用 C++ 语言实现，主要包括：真假币识别，面额识别，残缺度检测，新旧度检测等几部分。在识别的算法的实现过程中，使用了 Intel 公司发起的 OpenCV 图像处理库，提高了系统检测速度，在整个算法的设计过程中充分考虑了算法的并行性，对满足实时性的要求提供了进一步的保证。算法的整体设计如图 7 所示。

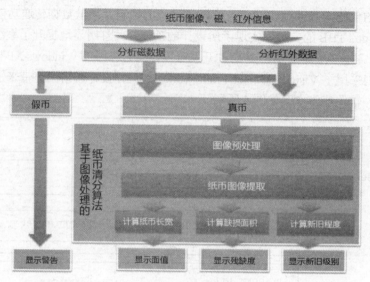

图 7 纸币清分算法结构图

4 系统测试

系统的测试主要包括 3 个方面：面额识别测试，真伪币识别测试，新旧、污损率清分测试。

4.1 面额识别测试方案

纸币的面额识别使用不同面额、不同新旧程度、残缺度的第五套人民币放入扫描装置，进行循环测试。记录总测试次数、正确次数、拒绝次数，计算面额识别成功率。测试的结果如表 2 所示。

表 2 面额识别测试结果表

测试面额	纸币张数	总测试数	正确识别	拒绝判断	错误识别	成功率
100 元	10	200	192	8	0	96%
50 元	10	200	198	2	0	99%
20 元	10	200	192	5	3	96%
10 元	10	200	194	6	0	97%
5 元	10	200	193	6	1	97.5%

4.2 真伪币识别测试方案

因为条件限制，我们自己制作一些测试用的"假币"，与真币随机混合在一起，放入扫描装置进行测试。记录总测试数、假币识别次数、真币误判次数，计算假币识别率和真币误判率。测试中共使用了 160 张纸币，其中真币 140 张，假币 20 张。真伪测试结果如表 3 所示。

表 3 真伪币识别测试结果表

测试总数	假币识别次数	真币误判次数	正确率	误判率
160	19	1	95%	0.7%

5 系统特色

本作品是基于 Intel? Atom□ 处理器的嵌入式纸币清分、鉴伪系统。该系统基于低功耗的 Intel? Atom□ 处理器、扩展高速 PCI 数据采集卡、模拟前端（AFE）信号调理板等外围硬件，应用磁、透射式红外、CIS 图像信息进行综合判断。本系统软件部分基于 Window XP 操作系统，采用模块化设计方法，使用 PLXSDK 开发了 PCI 驱动，使用 C#.NET 开发了 GUI，使用 OpenCV 进行了清分算法的设计，并通过 Intel TBB、Intel IPP 进行了优化，充分发挥了 Intel? Atom□ 处理器的超线程技术的优势，实现了纸币真伪，残缺，新旧和面额的识别功能。最后，通过合理的测试方案，对本系统的性能进行了检测与评估。本作品在金融等行业具有实际应用价值。

5.1 作品关键技术

1. 高速、微弱模拟信号的采集

CIS 输出的有效信号电压在 1.3~2.2V 之间，并且频率高、带宽大，而磁传感器、红外传感器的信号属于微弱信号。能否将这些高速、微弱的模拟信号进行高质量采集，是决定系统指标高低的关键。

2. PCI 数据采集卡与嵌入式主板之间 PCI 总线传输的实现

图像、磁、红外数据的传输延时，取决于采集卡与嵌入式主板之间的数据通路质量。采集卡采用 FPGA 作为主控，配合 PCI9054 芯片，实现了大量数据通过 PCI 总线的高速传输。

3. 基于数字图像处理的纸币识别、清分算法

优秀的纸币清分算法能大大简化计算，提高识别正确率。因此不断地改进算法、优化算法也是这个题目的难点之一。

5.2 作品创新点

该作品具有如下创新：

(1) 与 ISA 总线相比，PCI 总线带宽更大、更灵活。作品设计的采集卡是通过 PCI 总线与基于 Intel? Atom□ 处理器的嵌入式平台相连，大大提高了数据传输速度，为后续的算法部分节省了时间。因此这样做可以使系统的识别速度大大提升。

(2) 应用图像、磁、红外多种传感器技术，进行综合判断，提高了纸币识别的准确率。

6 结束语

本系统从实际应用的角度出发，结合当今社会对纸币清分系统的需求，提出了以基于

Intel⁷ Atom™ 处理器的嵌入式平台为核心，应用 CIS 图像，磁，红外，PCI 接口技术实现清分机系统的设计方案。系统提供了良好的人机交互界面，具有纸币鉴伪、纸币新旧、纸币残缺、纸币面额识别功能。

（指导教师：张　石　参赛院校：东北大学）

评审意见：作品非常好地阐述了基于 Intel⁷ Atom™ 处理器的嵌入式平台在纸币辨别机上的应用。对于硬件平台的构造分析较为完整，在软件编程上使用的工具也很明确。从读者角度出发，作品在一些细节上的描述可能需要更具体一些，对于测试部分的实验设计在未来的开发中应更注意统计学的使用方法。

基于颜色识别的手指多点触控系统
Multi Point Control System Based on Color Recognition

黄 睿 王铭伟 王鹏程

摘要：本系统使用基于 Intel? Atom□ 处理器的嵌入式平台和 WindowsXP 操作系统，以 OpenCV 库为图形识别处理基础，运用颜色识别、肤色识别、动作识别等算法实现非接触式跟踪技术，构建了一个基于手指动作的多点"触控"系统。能够根据四个手指的动作实现类似多点控制，如图片拉伸放大缩小、拖拽移动图片、单击等动作，并扩展了电视频道的换台和音量控制、画图、PDF 文件浏览等功能，提出了一种全新的人机交互概念。

关键字：手指多点触控，颜色识别，OpenCV，人机交互

Abstract：This system uses the embedded platform based on Intel(R) Atom(TM) processor and Windows operating system.Based on the OpenCV1.1 lib for the graphics and color recognition, we use color recognition, color recognition, action recognition algorithm to achieve non-contact track technology. and construct a multi-touch system based on fingers movements. With the action of the four fingers we can achieve multi-point stretch, single click action, television channel switch and volume control, pictures preview, PDF browsing capabilities. The system gives people a new concept of the interpersonal interaction.

Keywords：fingers multi-control recognition, color recognition, OpenCV, Human-Computer Interaction.

1 系统设计

1.1 功能与指标

本系统通过对 4 个指套颜色的识别与跟踪，可以实现如鼠标移动，鼠标点击，翻页，多点放大缩小等功能。为了方便操作，左右手食指和拇指各戴一个指套，右手手指的移动作为鼠标移动消息，右手食指和拇指的"捏"的动作，实现单击操作，而"捏住"并移动手指可以实现拖动操作。左手作为多点触控消息，在左右手的食指拇指同时"捏住"后，通过两手的远离拉开和靠近缩回实现"多点触控"，比较形象。系统拥有友好的人机界面并自带了 4 个测试程序。

1.2 系统方案

方案一：肤色模型

文献(黄菁. 基于单目视觉的触摸屏技术研究，浙江工商大学，2009.2)结合了 HSV 颜色空间和归一化的 RGB 空间构造出混合肤色模型，该论文首先分析了肤色在 $H\text{-}S$ 平面的聚类情况，并通过大量肤色样本，发现肤色像素在 H-S 平面上表现出的明显聚类。

$$\begin{cases} 0.005 < H < 0.100 \\ 0.200 < S < 0.65 \\ 0.600 < V < 1.00 \end{cases}$$

先将原图像 RGB 色彩空间转换到 HSV 空间，然后判断像素点是否在肤色模型 HSV 取值中，若在范围内，则该像素点置"1"（255），即置为白色，否则设置为"0"（黑色）。再进行相应形态学处理以及轮廓提取便可得到肤色二值图像，进行深度信息提取。

肤色因人而异，处理结果受光线影响也较大，因而二值图像边沿不平滑，不利于提取信息。

方案二：CamShift 颜色跟踪算法及其改进

Camshift 算法，即"Continuously Apative Mean-Shift"算法，基本思想是将视频图像的所有帧作 MeanShift 运算，并将上一帧的结果(搜索窗的质心和大小)作为搜索窗的初始值，如此迭代下去实现对目标的跟踪。它是 Meanshift 的修改算法，克服了 Meanshift 不适合实时跟踪的缺点。CamShift 算法简单，跟踪实时效果较好，在简单背景下完全胜任跟踪识别要求，缺点是复杂背景图对识别精度有一定的干扰，导致跟踪不稳定。

合成方案：肤色模型+CamShift 跟踪+现场颜色提取

结合肤色识别和 CamShift 颜色跟踪算法，在每帧同时得到 CamShift 颜色跟踪窗口以及肤色二值图像，在颜色跟踪窗口中包含一定数量肤色二值像素时才认为是有效目标。合成的方案具有较好的识别跟踪效果，并使用改进的 CamShift 算法，即便出现跟踪丢失现象，也会在数帧内再次跟踪上目标颜色。

1.3 实现原理

1.3.1 OpenCV 基础

OpenCV 是 Intel 公司支持的开源计算机视觉库，集成了 CamShift 算法。截至 2010 年 5 月，OpenCV 的最新版本为 OpenCV2.1，而使用人数最多的版本为 OpenCV1.0。本作品使用了 OpenCV1.1，原因是与 OpenCV1.0 相比许多函数有优化和提高，而 OpenCV2.0 虽然功能强大稳定，但不支持 IPP 优化库，难以满足视频处理实时性要求。

1.3.2 肤色模型 + 改进 CamShift 跟踪

结合肤色识别和 CamShift 颜色跟踪算法，在每帧同时得到 CamShift 颜色跟踪窗口以及肤色二值图像，在颜色跟踪窗口中包含一定数量肤色二值像素时才认为是有效目标，再计算二值化图像的重心即可获得目标颜色的当前坐标。图 1 为方案测试图。

1.3.3 现场颜色提取

由于现场环境的不同导致光照的强弱不同，从而使系统得到的 HSV 图的数据有所差别。

最终导致跟踪效果的减弱。本系统通过实行现场颜色提取来解决这个问题。每次使用的时候都现场对要被跟踪的颜色进行提取，从而实时地跟踪颜色，进而使系统的准确性大大的增强。通过实验表明，现场提取比没有用现场颜色提取的方法正确率有很大的提高。图 2 为现场颜色提取图。

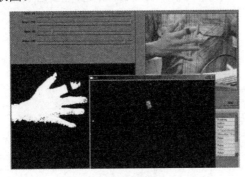

图 1　方案测试图

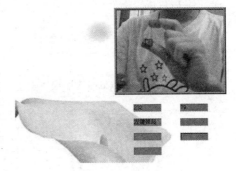

图 2　现场颜色提取图

1.3.4　系统优化

(1) Intel Parallel Studio。VS2005 可兼容 Intel Parallel Composer，对于 Intel 多线程并行程序有较好效果。

(2) IPP 优化（IPP optimization）。作为嵌入式平台，不可能像家用 PC 扩展高性能独立显卡。而要实时捕捉视频信息并进行大量处理，从软件方面进行优化降低计算量不失为一个好办法。

IPP (Integrated Performance Primitives) 库可用来优化图像处理函数，由 OpenCV 自动调用。作品使用最新版的 IPP6.1 库进行优化。

```
C:\WINDOWS\system32\cmd.exe
NumUploadedFunction = 134
opencv_lib = cxcore: 1.1.0,
add_modules = ippcv-6.1.dll, ippi-6.1.dll, ipps-6.1.dll, ippvm-6.1.d
1.dll, mkl_p4.dll
```

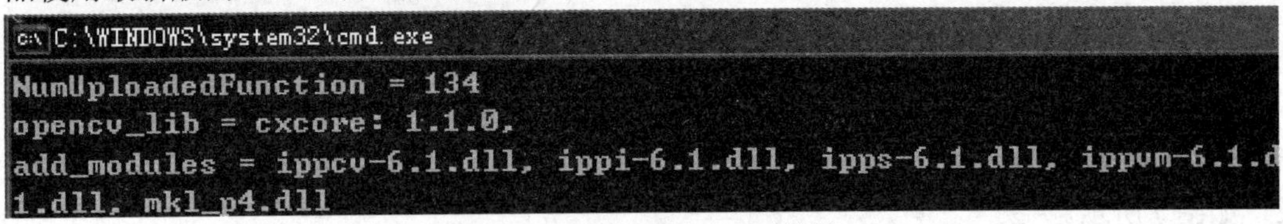

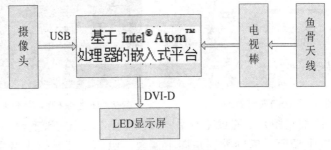

图 3　IPP 优化 OpenCV 函数图

1.4　硬件框图

系统硬件组成包括：核心控制系统、视频采集系统、USB 接口的电视棒、天线、视频音频输出模块，如图 4 所示。

图 4　系统硬件框图

1.5 软件流程

整个软件系统分为3种状态：移动状态、单点状态、多点状态。通过设置两个标志位 flag 来判断所处状态。只有进入单击状态后才能进入多点状态，而一旦退出多点状态将进入移动状态。软件流程见图5。

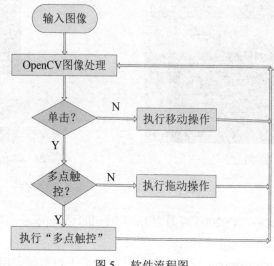

图5 软件流程图

2 系统测试

2.1 系统测试方案

在不同背景及光照亮度条件下，不同颜色指套识别效果不同。我们制作了十六种颜色的指套，在开机颜色校正时刻尽量使用与背景颜色不同的指套进行颜色校正跟踪以达到最佳效果，如图7所示。

系统测试方案通过四个应用程序的使用效果来测试鼠标移动、单点点击、多点触控效果。

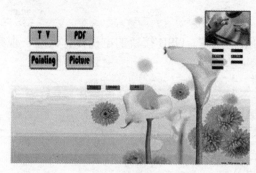

图6 系统的人机界面

图7 16色原材料图(本作品采用无纺布)

(1) 无线电视节目(见图8)。通过左右手同时"捏住"动作实现换台和调节音量功能。"捏住"横向拉开是向上调台，横向缩回是向下调台，纵向拉开是增大音量，纵向缩回是减小音量。

(2) PDF 浏览(见图 9)。可通过右手"捏"动作实现单击效果,通过"捏住动作"实现抓取拖动,通过左手捏住,右手上移超过左手高度实现向上翻页功能,而右手下移低于左手高度实现下翻页。

(3) 画图(见图 10)。通过右手"捏住"功能在 Windows 自带画图工具上画图。

(4) 图片浏览功能(见图 11)。通过右手"捏"动作实现抓取移动图片,通过左右手同时"捏住"动作拉开或缩回实现图片的放大缩小,与现今流行的多点触控功能相似。

将四个带指套向中间手指合并到一起将关闭该测试程序回到主界面。

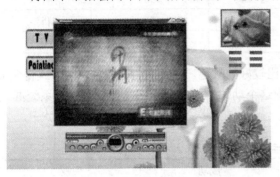
图 8　无线电视节目

图 9　PDF 浏览

图 10　画图

图 11　图片浏览

2.2　测试设备

(1) 已经制作好的 16 色(标准 16 色)指套。

(2) 任意精度万能驱动 USB 摄像头。

2.3　测试数据

系统对不同颜色的指套进行跟踪,通过重复试验,得到不同颜色的跟踪的正确率,进而得到最佳的使用颜色。表 1 是不同颜色指套的跟踪效果,表中包括对不同颜色的跟踪和对各个动作识别的正确次数。

表 1 是对鼠标移动的测试,纵坐标是不同颜色的指套,横坐标是用这种指套从左边划到右边时,系统的检测的坐标会不会发生丢失。如果有丢失(包括丢失后马上恢复正常)则失败,如果从左到右的过程中一直很流畅,则成功。

表1　最佳颜色选择

颜色	测试次数	成功	颜色	测试次数	成功
深红	50	49	钴绿	50	36
橘红	50	48	绿	50	48
粉红	50	41	草绿	50	44
浅粉	50	40	浅黄	25	13
紫	50	48	荧光绿	50	43
浅紫	50	44	柠檬黄	50	41
金棕	25	5	深蓝	50	45
咖啡	25	7	浅蓝	50	30

在表1的基础上，系统选取4种跟踪效果比较好的颜色。然后我们通过组合的方式得到6种组合方式，表2进行的是单击的测试，即捏这个动作。如果食指拇指捏在一起，系统准确的执行单击，则成功，否则失败。

表2　最佳组合测试

颜色组合	测试次数	成功	失败
深红+绿	50	45	5
橘红+绿	50	37	13
深蓝+紫	50	42	8
深红+荧光绿	50	28	22

2.4　结果分析

通过测试一发现，深红、绿、深蓝、紫这四种颜色的跟踪性能最好。

通过测试二发现，深红+绿，深蓝+紫这两种组合方式的单击执行的正确率最高。

通过上面两组测试发现，不管是哪种颜色，其正确率都普遍较高，这也是CamShift算法的优点所在。通过现场提取效果较好的颜色，其识别的准确率也比较高。

2.5　实现功能与特色

系统通过四色指套的识别跟踪，基本实现了用手指控制鼠标移动、单击、多点触控操作。本系统有很多特色，其中最大特色在于用双手手指更形象的操作代替原来鼠标单一的左右键点击，并能完成部分鼠标单击无法完成的多点触控功能。长期以来电脑的输入设备一直被鼠标所占据，一般只能完成简单的单击双击操作，与现实生活中人的习惯有一定差别，并且鼠标只有单点操作，决定了鼠标无法完成多点触控等功能。本系统使用OpenCV技术，通过对颜色的识别跟踪，实现了新型的输入方式，这类似于第六感，可以让机器识别人的手部动作，让电脑能够读懂人的动作；并且系统克服了鼠标单点的劣势，通过多点操作实现多点触控。这类似于Ipod产品中的多点触控功能，但是本系统是基于视频的颜色识别的，所以在应用上有很大的扩展空间。

本系统的另一个特色是和电视机结合起来，多少年来，电视机的操作设备一直是遥控器，用户每次要对电视操作时都要找遥控器，费时费力，随着科学技术的发展，这种方式受到了挑战，本系统创新性的将基于颜色的手部动作识别和电视操作结合在一起，符合智能家居的概念，使得操作更加人性化，这也是本系统四个功能模块里面最重要的一个模块。

（指导教师：许武军　参赛院校：东华大学）

评审意见：作品在手指上加有色指套，通过颜色识别获得四个手指运动信息，并定义了手指动作对应的含义，完成虚拟多点触控的功能，且能进行预定义的各种操作，技术路线上采用OpenCV和IPP进行视频处理的加速。

便携式三维重建系统
Portable Three-dimensional Profiler

郭明宇　邹　润　张　波

摘要：本作品设计实现了一种嵌入式的便捷实时的非接触三维重建系统，以 Intel® Atom® 处理器为核心，运用结构光以及图像处理相结合的方法，将二维信息转换到三维空间中。对点云进行拼接、融合、精简、三维 Delaunay 三角剖分，在 OpenGL 中显示。系统成像细节丰富，可交互操作，在传统以及新兴的 3D 技术领域有广泛应用前景。与时下的三维重建系统相比，克服了体积大、功耗高、成本昂贵、操作复杂等缺陷。采用 Intel C++编译库编译，并采用 IPP、OpenMP 优化，CPU 负载平衡，使得重建速度快，实时性良好。

关键词：三维测量，三维重建，结构光，点云拼接，便携式

Abstract：This work designs a convenient non-contact 3D reconstruction system based on embedded technology which depends on Intel® Atom® processor. By the combination of structured light and the method of image processing, the two-dimensional information can be converted into 3D space. Through the processing of slicing, integration, retrenchment for the point cloud, the image can be displayed by the algorithm called 3D Delaunay triangulation. This imaging system with rich detail can be operated interactively and has extensive application prospect. Compared to the other recent product, the system can overcome the disadvantages of large size, high power consumption, expensive cost, the complexity of operation. Programs are compiled through Intel C++ compiler libraries and optimized by IPP and OpenMP for full CPU utilization and a higher speed.

Keywords：3D Measurement, 3D Reconstruction, Structural light, Point clouds Registration, Portable

1　系统概述

1.1　开发背景

随着人类认识世界需求和信息科学的不断发展，光学非接触测量技术成为获取物体三维信息的重要手段之一，其中编码结构光又以较高的测量精度、分辨力和易于实现的优点成为三维测量领域的研究热点。但是目前大多数三维重建测量产品体积巨大，集成性不高，更重要的是价格非常昂贵，动辄数十万元、甚至百万元以上。另外，也有一些三维重建技术只是导出点云后在相应的软件中做后续处理，这无疑增加了开发的难度，更增长了产品开发的周期，使得该技术难以走向市场得到更广泛的应用。

本作品在硬件上加以改进，最重要的是选择基于嵌入式开发，使得在仍然保持较高精度并且符合工业要求（0.05mm）的情况下，不仅提高产品便携性和集成度，更大大地降低其成本，同时保持良好的实时性，并且可以交互式操作，提高了产品的适用度（增大了适用范围及其领域）。

1.2 应用前景

该系统除了能在工业汽车设计领域、文物修复等传统领域得到应用，还能在如下领域发挥作用：

(1) 正在兴起的 3D 动漫及其电影技术，阿凡达等 3D 电影的拍摄需要基于现实物体获取 3D 模型，以便于后期的加工、制作；

(2) 世博馆、博物馆、甚至一些电视台和商场里对于的一些贵重物品以及远程人物 3D 模型的全息展示；

(3) 高档商场以及网络 B2C 正在蓬勃兴起的基于真人的模拟 3D 试衣系统的开发；

(4) 医学方面，在美容整形整容、隐形牙套矫治器的制作以及颌面、口腔牙齿修复方面，基于真实部位的 3D 模型的获取。

1.3 产品设计概貌

本设计提出的基于格雷码投影光栅的实时三维重建系统，目标物体放在转台上，可交互式选择对目标物体的几个面进行采集，并自动对不同角度的 3D 数据信息将实时拼接、融合、精简通过 Intel? Atom□ 处理器运算得到目标物体完整的三维信息。

在此基础上可以触控选择 Delaunay 三角剖分重建物体表面显示。本系统集双屏显示、触摸控制、通信于一体，具备可交互化，人性化的设计，操作灵活简便。对于操作人员无相关专业技术要求，同时也能够满足高级用户获取不同格式的点云数据，方便其使用多款 3D 建模软件进行后续的处理和艺术加工并能够和场景渲染。

在硬件上，结构简单，集成度高，封装性好，采用高分辨率工业相机和微型投影仪联合工作，实时采集、分析图像，充分发挥了 Intel? Atom□ 处理器超线程的优越性能。

在软件上，程序通过英特尔 C++编译库编译，优化代码效率。并采用英特尔 IPP 优化数据处理速度和 OpenMP 线程优化均衡 CPU 负载。

2 系统方案

2.1 功能与指标

2.1.1 实时获取目标物体一面的三维信息

工业相机的最高帧率是 7fps，投影仪结构光栅图案共 20 张，为了投影仪与工业相机能协调工作，实验选取共同工作频率 5fps，在 4s 内完成投影以及采集工作。图像处理在 3s 内获取三维信息并在屏幕上显示点云。

2.1.2 转台变换角度

可以根据用户意愿镜面式选择另一角度获取目标物体的三维信息，实时拼接。拼接速度根据点云大小而定，但是一次拼接时间控制在 10s 左右。

2.1.3 实时拼接、融合、精简

对不同视点的三维信息进行实时拼接，并对点云数据融合使其光顺，并在保留细节的前提下对点云进行精简。

2.1.4 导出不同格式的点云数据

满足高级用户触控选择导出不同格式的点云数据，方便专业人员在常用的如 PolyWorks 和 Geomagic 等三维建模软件中做后续的加工和重建工作。可导出 6 种不同的数据格式。系统能达到的性能如下：

测量精度：0.1mm；
测量点间距：0.55mm；
单视角扫描时间：5s；
单视点测量数据量：64 万。

2.2 系统硬件架构

系统硬件架构如图 1 所示。

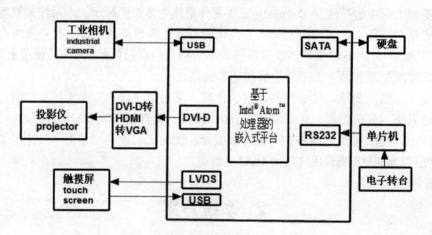

图 1 系统硬件架构

硬件核心：Intel? Atom™ 处理器专门为小型设备设计，旨在降低产品功耗，产品还支持超线程处理。各个外围模块通过系统的通信接口与之连接，如投影仪、触摸屏、工业相机等。

三维测量模块：进行此款产品设计之时，在追求充分利用嵌入式开发平台的硬件资源的同时，也需要在产品性能、成本、稳定性、精度等几个性能指标上寻求一个较理想的平衡点，因此我们首先需要对硬件资源作出合理明智的选择。

首先，为了获取真实物体丰富的细节信息、降低测量误差，我们的光学传感器件需要有较高的分辨率，本系统选用的工业相机分辨率最高可达 2048*1536，在此分辨率下，数据传

输速率为7fps。工业相机与开发平台通过USB接口通信。

为了使系统集成度更高，便携性良好，系统选用的投影仪是Benq型号为GP1的DLP微型投影仪，分辨率为800*600，亮度为100流明。这就大大提高了便携性，并且通过选用高清的工业相机来弥补其微型投影仪流明度普遍不高的缺陷。

用户交互模块：用户与系统交互通过触摸屏进行，屏幕是通过LVDS接口扩展的。触摸屏通过开发板的USB接口与其通信。

工业相机的最高帧率是7fps，投影仪结构光栅图案共20张，为了投影仪与工业相机能协调工作，实验选取共同工作频率5fps，在4s内完成投影以及采集工作。图像处理在3s内获取三维信息并在屏幕上显示点云。

2.3 系统软件架构

系统软件架构见图2。

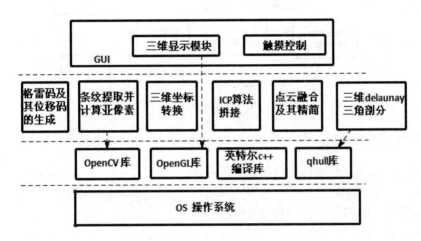

图2 系统软件架构

架构中主要功能描述如下：

(1) 用户交互界面，基于OpenGL库实现。

(2) 图像采集、处理以及格雷码的编解码模块是一项关键工作，此模块的处理直接影响后续工作中产生点云质量。

(3) 获取三维信息模块是精华部分，是将物体的平面信息转化到实际世界的步骤，该过程通过严格的数学推导，保证三维信息精准。

(4) ICP拼接算法及点云数据的融合、精简模块，涉及大量理论分析和数学论证，模块耗时较大，在整个系统工作量中占有很大比重，此外，对算法的优化我们完成了大量的工作，并通过超线程编程使得效率得以提升。

(5) 三维Delaunay三角剖分重建模块，是该系统重建效果可视化部分，Delaunay三角剖分是公认的最好的三角表面重建的算法，其最大的不足在于算法运算量过高，该系统采用的crust算法是目前较为优秀的表面重建算法，其算法虽然难度高，但是速度却比大部分传统Delaunay算法快。

3 系统方案

系统设计方案见图3。

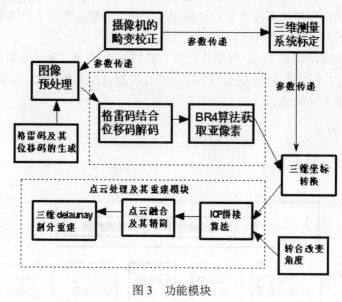

图 3　功能模块

3.1 测量系统的校正与标定

对一个相机的校正过程可以用四个参数来描述：

(x_0, y_0)：图像的畸变中心；

f：畸变因子，用于描述发生畸变的过程；

p：膨胀系数，用于描述校正发生过程图像缩小的程度。

上面四个参数可用如下数学关系描述：

$$\begin{cases} d^2 = (x_1 - x_0)^2 + (y_1 - y_0)^2 \\ p = (1 - fd^2) \\ x_2 = p(x_1 - x_0) - x_0 \\ y_2 = p(y_1 - y_0) - y_0 \end{cases}$$

其中：(x_1, y_1)和(x_2, y_2)分别表示校正前与校正后的对应点的位置。利用一幅已知位置关系的图像，通过参数的遍历，得到最小误差的参数，完成相机的校正。

3.2 投影格雷码结构光

结构光法包括点、线、多线或编码法。点、线结构光法存在测量效率低的缺点；投射重复图案的多线法存在识别过程复杂的问题；而编码法则可以保证测量效率的同时又使识别简化。其中格雷编码又是错误最小化的编码，任意两相邻码之间只有一位不同且各位权重相同，因此其码值最多只有一位被误判，且任意位被误判引起的解码误差只有一位。同时，由于格雷码较之二进制编码其明暗光间隔要高出一倍，因此可以有效减少明暗光线间的干扰。而且投射的多幅格雷编码图案中任意一点作为边界的机会最多只有一次，这样使得后续的解码的错误率大大降低。

针对于最细的一幅格雷码条纹图，即每像素一变的，亮的部分会由于漫反射以及衍射等因素影响到暗条纹，导致明暗变化不明显，在图像处理上会很难区分清楚，常常导致最细条纹的图案不能使用。为了获取理论最高精度，设计一组间隔较大的亮条纹图案、并且每次投射时向一个方向平移一个像素周期为间隔的一组图案投射于物体。

3.3 计算三维坐标信息

三维信息的获取是关键部分，选取怎么样的坐标参考点以及计算公式也直接影响着重建的精度。经过严密的推导，结合测量系统的摆放位置关系，得到三维坐标计算转换公式，从而获得三维点云数据，在相关软件中观看，可以验证推导公式的正确性。

3.4 ICP算法拼接

数据配准（Data Registration）是将两个或两个以上坐标系中的大量三维空间数据点集转换到同一坐标系中的数学计算过程，我们采用的是 point to point 的最近点搜索法，并辅以 KD-tree 算法来加速点云搜索的速度。

关于经典的 ICP 拼接算法，在我们编程实现的基础上，也发现这个算法相当耗时，所以对其进行多线程编程优化，使得效率提高近30%左右。

3.5 点云数据的融合及精简

对于第一片点云和一幅精确匹配过的新点云，如果两幅点云存在公共的重叠区域，那么有必要进行数据融合，这里我们采用的是基于重心约束的点云融合算法。

经过融合后的点云数据量是非常庞大的，但是表征一个物体不同部位的特征需要的点云的数量是不一样的，同时也为了后续的重建工作能高效进行，我们对点云进行精简，采用的是当前较好的 K-Cluster 算法，并借助结构光扫描的特点优化了该算法。

3.6 三维 Delaunay 重建

三角剖分算法可以分为针对二维的局部剖分和三维的全局剖分算法。在二维情况下建立的基于简单的三角形构面的方式，而三维情况下则是需要建立基于四面体的方式构造空间曲面。在遇到三维空间散乱点的构面问题时，可以直接采用三维 Delaunay 剖分，亦可先将三维坐标预处理转换到二维坐标系中，间接的采用二维 Delaunay 剖分算法。实现该算法的时候，我们调用 qhull 库中计算凸包、Delaunay 网格、Voronoi 图，使得程序跑起来要比普通根据算法编写出来的程序效率高很多。

4 系统优化

主要对系统进行了以下几个方面的优化：

(1) IPP 性能优化。本系统的图像处理算法涉及大量浮点运算。IPP 性能库能提供丰富的图像处理解决方案，经过独立测试，经由 IPP 性能库优化后算法速度提高 80%左右。

(2) OpenMP 优化。CPU 负载均衡一直是发挥英特尔处理器性能的关键，本系统按照超线程进行设计。在实现上主要采用并行的算法结构及 OpenMP 自动线程优化。进行测试，整体速度有 20%的提升。

(3) VTune 辅助分析。利用英特尔 VTune 性能分析器，可以得到很好的线程优化支持。在实现系统功能后，进行了闭环的线程优化处理。

5 系统测试

系统测试结果如图 4 所示。

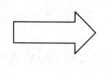

图 4　重建结果图

6 特色与创新

本系统在软硬件设计、成本控制、性能优化、操作便利，以及应用的社会意义上综合考虑，都有着突出的特点与创新。

1．多技术与前沿算法的融合

将该三维重建技术选在基于嵌入式开发，将基于格雷码结构光的编解码、三维坐标转换、ICP 拼接算法，以及三维 delaunay 三角剖分算法融合到一个系统中。作为一个完整的三维重建产品，在现在 3D 概念热炒的年代里，有着极其广泛的应用，切合当下的潮流。

2．基于嵌入式开发、硬件简单、成本低廉

与当前三维重建产品相比，比较常见的是基于激光或者结构光的单目或双目产品，基于激光的虽然在精度上有着绝对的优势，但是由于重建时间长以及会对生物体、文物有不可逆的伤害而限制了其应用的范围；基于结构光的单、双目产品又因为投影仪体积庞大，导致技术只能滞留在实验室中，难以走向市场，使产品应用领域大大受限。

而本款系统设计采取基于嵌入式平台的开发，Intel Atom 处理器更是本着"轻便、低耗能"的核心思想开发出的一款高性能产品，在外围硬件的选择上也围绕高性能、低成本、轻便性的思想去选择，使得本款产品能带着三维重建的技术走向市场，服务大众。

3. 操作简便，无技术门槛

传统的三维重建系统，只输出点云，此后的工作需专业人员在三维建模软件中进行加工，不利于产品的应用范围的扩大。本系统集成了对于点云后续处理以及重建表面等算法，是一款完整的三维重建产品，并设计了人性化的触控操作界面。

7 总 结

本系统实现了一个基于 Intel? Atom□ 处理器的三维重建系统，基于格雷编码的结构光获得精确地编码信息，经过投影仪以及摄像机的标定和畸变校正，再通过严密推算的三维坐标转换公式，获取低噪且包含目标物体丰富细节的点云数据，然后通过 ICP 拼接算法、聚类融合精简算法、三维 delaunay 三角剖分等算法重建 3D 图像。系统在算法经过反复测试完善以外，还进行了针对于英特尔超线程处理器的软件优化，利用 IPP 性能库以及 OpenMP 进行了深入的线程优化，使得系统的 CPU 负载均衡，充分发挥了 Intel? Atom□ 处理器的运算性能。此外，系统扩展了开发板的外围硬件资源，扩展了大量外设，使得系统功能丰富。系统经过夜以继日的调试、深入的完善和一步步的改进，系统运行稳定，作品拥有着广阔的应用前景，是三维重建技术走向市场的强大推动力。

（指导教师：李 杨 参赛院校：南京大学）

评审意见：该作品为非接触式三维重建系统，以 Intel? Atom□ 处理器为核心，运用结构光及图像处理算法，基于 OpenGL 库进行三维成像。软件部分采用 OpenMP 进行多线性处理，用 IPP 进行优化，使用 VTune 进行测试，获得了较好的负载均衡效果，显示了参赛队员有较强的科研能力。

基于云渲染的移动 3D 网络视频会议系统
Cloud-Based Mobile 3D Rendering Network Video Conference System

陈晓明　徐　晨　吕圣硕

摘要：本文主要介绍了基于云渲染的移动 3D 网络视频会议系统。该系统基于云渲染，由一台服务器和若干客户端组成。客户端以基于 Intel Atom 处理器的 EMB-4650 嵌入式开发板为基础平台，基于 Moblin 系统，通过 CMOS 摄像头采集人的图像数据，并自定义了一套简单的人机交互系统来采集控制信息，通过 RTSP 协议将图像数据传给服务器，使用 VLC 来接收渲染后的会议室场景。服务器端采用一般的 PC 为基础平台，基于 WinXP 系统，采用 CamShift 算法检测出人手坐标，采用基于 GraphCut 的算法从背景中过滤出人的上半身，采用 DirectX 技术渲染出会议室 3D 场景，采用动态纹理的方法将人的上半身融合到会议室场景中。系统整体功能强大，界面友好，增强了会议系统的真实性和交互性。

关键字：云渲染，3D，视频会议，Moblin，CamShift，GraphCut，RTSP

Abstract：This article mainly introduces cloud-based mobile 3D rendering network video conference system. This system is based on cloud rendering, consisting of a server and several clients. The client is an Intel Atom processor based platform which is supplied by NORCO and equipped with Moblin OS. The client includes a CMOS camera to capture pictures, a simple human-computer interaction system to capture the control commands and an implementation of RTSP protocol which sends the captured pictures to the server. The clients use VLC to receive the rendered scene of meeting room. The server end is a common PC equipped Windows XP OS. The server uses CamShift algorithm to detect the coordinate of fingers, uses GraphCut-base algorithm to filter people upper part from the background, uses DirectX technology to render conference room, and uses dynamic texture blending to blend the people upper part to the rendered scene. The whole system has powerful function and friendly interface, and greatly enhances the reality and interactivity of conference system.

Keywords：cloud, 3D, video conference, Moblin, CamShift, GraphCut, RTSP

1　系统概述

现有的视频会议系统不能够提供给用户真实的会议的现场体验，会议参与人员的画面只能单调地出现在镜头中，交流的手段也只有语音和视频两种手段，缺少更多互动的方式。为了改进传统视频会议以上的缺陷，我们系统的目标就是将所有参加会议的人员放置到一个 3D 的会议场景之中，使得与会人员可以在该场景中交流和互动。

1.1 系统描述

本文主要介绍了基于云渲染的移动 3D 网络视频会议系统。如图 1 所示,该系统由一台服务器和若干台客户端组成。客户端负责采集与会者的图像、声音和控制信息,通过流媒体传输等方式将数据发送给服务器。在会议开始前布置好一个 3D 的会议场景,服务器端在收到客户端发送的数据后,将与会者从背景中提取,并融合到 3D 会议场景中预设的位置。同时,服务器端根据控制信息(手部移动坐标、头部转动信息),完成对 3D 会议场景中的物体进行移动、放缩、切换功能以及整个场景视角的转动。最后,服务器会把渲染完毕的图像传回给各个客户端。需要强调的是,与会者接收到的会议画面是所有与会者都安坐在同一个会议场景中。

本系统设计的目的除了为网络会议提供真实场景外,还立志于增强网络会议系统的可移动性。与会者可以携带该客户端,在车内、飞机上、医院或者是户外随时参与会议,为出差在外的人参与各种会议提供了方便。

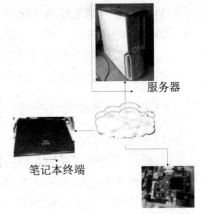

图 1 系统示意图

1.2 系统框图

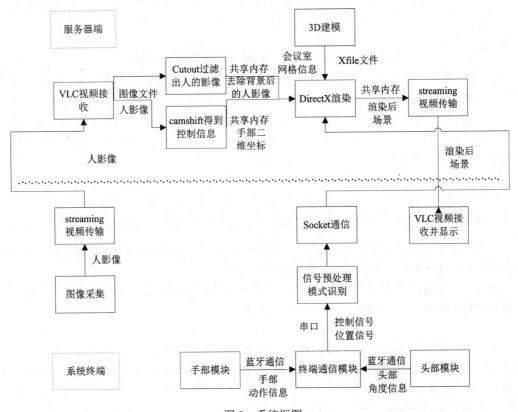

图 2 系统框图

1.3 系统功能

1.3.1 服务器端功能

(1) 接收客户端采集的人影像和控制信号；
(2) 对人影像进行处理，去除背景过滤出人上半身，得到双手坐标；
(3) 根据接收到的控制信号和过滤出的人上半身，渲染出会议室的3D场景；
(4) 将渲染出的场景传回给客户端显示。

1.3.2 客户端功能

(1) 采集人影像；
(2) 通过头部模块采集人物头部转动角度；
(3) 通过手部模块采集双手的深度和控制信号；
(4) 对控制信号进行噪声去除和模式识别；
(5) 将最终信号与图像传输给服务器；
(6) 接收服务器发来的会议视频。

2 硬件设计

2.1 硬件概述

硬件部分实现对人体动作的感知并发送给终端，分为三个模块：

(1) 手部模块（左右两个）通过电磁感应对手部动作进行识别，通过红外同步信号与超声信号对手部深度进行测量，通过蓝牙模块将信号发给终端通信模块。

(2) 头部模块使用陀螺仪对头部角度进行测量，通过蓝牙模块将信号发给终端通信模块。

(3) 终端通信模块，发送红外和超声信号，对各个模块发回的数据进行解码后通过串口发给基于 Intel? Atom? 处理器的嵌入式平台终端。

2.2 硬件原理

手部模块主要实现对手部动作的感知和手部深度的测量，手部动作通过安装在手部的霍尔传感器和磁石，手部变化时，相应的电磁场也做改变，霍尔传感器感知电磁场后传输电平信号给 MCU 的 AD 端口完成手部动作的感知。

深度测量主要应用超声和红外信号，MCU 同时发送红外信号与超声信号，手部模块通过计算两个信号的时间间隔得出距离，实现深度的测量。

$$距离 = 时间间隔 \times 声速$$

头部模块主要实现对头部角度的感知，通过陀螺仪送出的标志角速度的电平通过积分运算放大电路得到角度值，同样以电平信号的形式送入 MCU 的 AD 端口，实现对头部角度的测量。

终端通信模块主要实现对头部模块、手部模块送来的数据的接收解码工作，同时调制驱动红外发送模块、超声发送模块为串口拓展模块产生相应的时序与逻辑电平。架起头部模块、手部模块与 Intel 嵌入式平台通信的桥梁。

2.3 软件设计

本项目中各个模块均采用 ATMEL 的 MEGA88PA 的 MCU，主要实现软件解码、软件滤波、信号调制、时序以及逻辑的产生等功能。

超声定位计算模块是手部模块软件中的关键部分，主要需要实现的功能有：

(1) 根据超声同步信号确定超声发射时刻并启动定时器；

(2) 根据超声到达信号捕获定时器的值，并确定超声波从终端通信模块到达手部模块接收传感器的时间；

(3) 根据超声定位算法中的公式计算手部深度。

头部角度计算模块是头部模块的关键部分，由于前端的积分运算放大电路已经承担了一部分角度计算任务，头部模块的软件部分相对简单，首先通过 AD 端口采集运放电路送来的角度信号，这个角度信号是通过电平的高低体现的，但是这里的问题是，运放送出的信号会在达到最大值后慢慢回归到基准值，也就是说，当头部转动时，运放会输出相应的电平，但当头部转动到一定角度不动时，运放输出的值并不能保持不动，会慢慢回复到基准值。这样设计主要是考虑到电路起始状态状态不稳定，或者使用时未能正确放置头部模块，造成角度越变等问题，这样虽然增加了稳定性，但当正常使用时就会出现上述问题。所以，在软件端，本设计加入了一个延时的程序，即当电压输入基准值时正常输出，当电压输入为角度改变的信号时，做一个软件的延迟，达到保持角度信号的功能。

角度模块还会实时交替采集两路信号，做到头部角度二维判断，并将处理过的角度值，送入蓝牙发送模块。最终实现头部角度的测量。

3 软件设计

3.1 手部坐标跟踪

在系统中，我们假设与会者需要控制场景中的模型移动，因此必须设计一套简单的人机交互界面来实现这部分信息的输入。本系统中，我们使用基于颜色 CamShift 算法来跟踪手部的像素坐标。为了增加跟踪准确度和防止由于手部的快速运动而引起的跟踪丢失，对 CamShift 算法做了两点优化：

(1) 实时地更新颜色模板的直方图，这样可以使模板适应当时的光照等不同的环境因素，增加跟踪的准确度；

(2) 限定了算法中搜索区域的最小尺寸，这样可以把每帧之间的相对运动先定在搜索区域内，防止跟丢。

优化后的流程图如图 3 所示。

3.2 人物上半身分割

为了把人物放入到虚拟会议室的场景中，需要系统自动把人物的上半身从原始图像的背

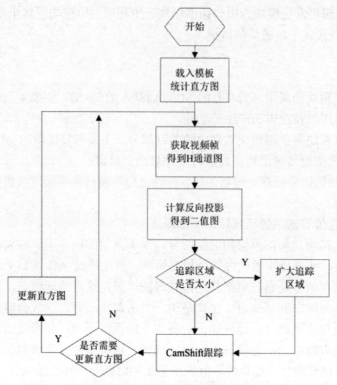

图 3 优化后的手部跟踪模块流程图

景中分割出来。

考虑到会议系统设计涉及移动会议的特性,即我们希望该会议系统能够使用在车上、医院或者户外的草坪上,一般前景提取的方法,比如背景建模和差分在这里都不适合。而不需要固定背景而基于颜色信息的 Graph Cuts 的算法又需要较大的计算量,计算一次需要几秒到几十秒的时间,远远达不到会议系统实时的要求。另一方面,传统的人物分割算法都是用户交互式或者半交互式的,我们需要自动的分割。

综合考虑了上面所有的因素,我们最后人物分割的算法一共分为了三个部分,流程如图 4 所示。

人脸识别以及之后的人物上半身模型是为了去估计 GrabCut 算法中的种子点,而实现全自动的交互。所以首先要考虑 GrabCut 算法,该算法是一个迭代的 Graph Cuts 算法,要求用户主动输入前景点和背景点,算法通过用户提供的种子点的颜色信息,通过合理设置代价方程和各条边的权重来得到目标和背景的边界,从而达到分割的目的。基于上面的原理,在这一步确定人物的上半身模型的目的就是希望可以自动地设置那些种子点。

以上步骤是针对视频序列的第一帧做的,在 Intel 奔腾双核 T2080、1.73GHz 主频、ubuntu10.04 平台下,采用 20 次迭代,所需要的时间大约是 10s。远远达不到实时效果,所以针对之后的帧,采用在前一帧的轮廓区域中寻找新的一帧的轮廓区域这样的做法。

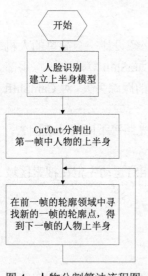

图 4 人物分割算法流程图

接下来基于下面的假设，即假设在前后两帧之间人物上半身相对移动是很小的。这个假设的直接结论就是同一个轮廓点在前后两帧中像素位置不会相差得很远。那么就可以在该轮廓点的一个领域之中寻找新的轮廓点。这样缩小每幅图像的搜索范围之后就可以减少每一帧的计算量，从而向实时的目标努力。图5（1）～（5）是寻找轮廓的中间过程和最终的效果。

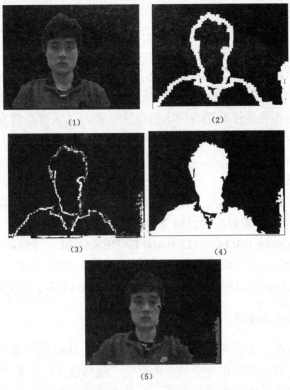

图5　寻找轮廓的中间过程和最终效果图

3.3　3D建模

在本系统中，采用3DS Max来构建会议室的3D场景，然后使用PandaDirectXMaxExporter插件将网格数据转换成DirectX容易读取的XFile格式，以供DirectX渲染出会议室的场景。

3.4　DirectX渲染

在本系统中，DirectX渲染部分主要功能是将网格数据渲染成最后显示的2D图像，并融合接收到的人影像信息。

该模块主要分为以下6个小模块，每个小模块及其功能如下：

(1) 应用程序初始化：主要创建应用程序的主窗口（windows窗口）；

(2) Direct3D初始化：创建IDirect3DDevice9对象（代表用来显示3D图形的物理硬件设备）；

(3) 装载网格数据setup：载入建立的会议室3D模型的网格数据，同时设置一些渲染参数；

(4) 消息循环：在消息循环中，程序会不断的循环查看进程的消息队列，如果有消息就进行窗口过程处理；反之，显示画面；

(5) 渲染场景并融合人影像 Display：该模块接受控制信息改变渲染参数，同时载入接收到的人影像并将其融合到场景中；

(6) 释放系统资源。

在上述模块中，我们主要介绍人影像融合的方法和提取渲染后图像的加速方法，其他模块由于比较简单就不再详述。

3.4.1 人影像融合

在系统中，需要将接收到的人影像融合到会议室场景中，以便实现真实的会议感觉。起初设计时，通过将人影像融合到渲染完后的 2D 图像中对渲染完的场景进行处理，测试结果发现使用这种方法，一是不容易控制融合时人影像的位置，二是可能将真实场景中人体前面的物体给覆盖掉。因此，我们采用了动态纹理贴图的方法将接收到的人影像直接贴到建立的一个矩形框上。

为了有更好的效果，我们创建了一个带有 alpha 通道的纹理贴图。在载入人影像的时候对每个像素点进行判断，如果该像素点不是人体，则 alpha 值设置为 0，即透明；反之如果是人体，则 alpha 值设置为 255。最后，通过以下 3 个语句实现 alpha 渲染：

Device->SetRenderState(D3DRS_ALPHABLENDENABLE, TRUE);
Device->SetRenderState(D3DRS_SRCBLEND, D3DBLEND_SRCALPHA);
Device->SetRenderState(D3DRS_DESTBLEND, D3DBLEND_INVSRCALPHA).

3.4.2 加速读取渲染后图像

渲染完后的图像放在后备缓冲区 back buffer 中，该 buffer 位于显卡内存中。我们需要将其读取到系统内存中，然后放置在一个共享内存中。起初设计时，采用锁定 back buffer 的方法读取图像数据，并将其转化为三通道图像，但是测试结果发现帧率太低，只有 2.65 帧。之后，通过查找资料，发现另一种读取 back buffer 的方法：GetRenderTargetData。采用这种方法将 back buffer 中的内容复制到一个创建的停留在系统内存中的 surface，DirectX 不会中断绘制流水线，因此能够大大提高程序效率。使用这种方法后将 back buffer 中的内容复制到系统内存中的 surface 后，并将四通道数据去掉 alpha 通道转化为 RGB 三通道数据，渲染的帧率能够达到 58.07 帧。如果只是将 back buffer 中的内容复制到系统内存中的 surface，而不进行通道的转换，渲染的帧率能够达到 62.50 帧，两者基本上都能够达到实时的要求。

4 系统测试

系统性能主要体现在控制精度、系统运行速度、系统延迟和显示效果这 4 个方面。下面就 4 个方面分别进行测试：

4.1 测试设备

测试设备包括：

(1) EMB-4650 嵌入式开发板；

(2) 联想笔记本（Ubuntu10.04，奔腾双核处理器 1.73GHz，1.50GB 内存）；

(3) 服务器 DELL PC（XP 系统，CPU Intel Core2 1.86Ghz，2.00GB 内存，128MB ATI Radeon X1300 显卡）

(4) TP-Link 路由器。

4.2 系统测试过程

首先，分别对控制精度、系统运行速度、系统延迟 3 个方面进行测试，得到如表 1 所示的结果。

表 1 控制精度、系统运行速度、系统延迟测试结果

终端通信模块	头部模块灵敏度	16.7 mV/degree
	头部转动分辨率	3 degree
	手部深度精度	0.5 cm
终端	Socket 发送频率	10 Hz
	从通信模块接受信号频率	39.6 Hz
服务器端	Cutout/CamShift 帧率	9.9 fames/second
	3D 渲染帧率（无 socket 同步）	58.07 frames/second
	3D 渲染帧率（最终 socket 同步）	19.60 frames/second
系统整体	系统延迟	0.5 seconds

最后，截取的接收画面如图 6 所示。

图 6 接收画面图

5 总 结

本系统具有如下主要特色：

(1) 系统具有视频会议的功能；

(2) 系统采用云技术实现 3D 场景的渲染；

(3) 系统能将人的影像从背景中过滤出来，并将其融合到渲染场景中；

(4) 系统能够根据实际带宽情况控制传输带宽和传输画面质量；

61

(5) 具有人性化的人机交互系统；
(6) 能够在视频会议的时候实现场景交互。

本系统实现了基本的视频会议系统，但是也存在着一定的缺陷。比如，因为时间原因，本系统实现的功能较少，只有基本的会议和场景控制功能。另外，整个系统的初始化较复杂，所花时间较多。这些缺陷都需要在今后的设计中不断地改进和完善。

（指导教师：蒋乐天　参赛院校：上海交通大学）

评审意见：作品将参与视频会议的参会者放置到一个虚拟会议室中，在该三维环境中，参会者影像可以移动、缩放和切换。系统在基于 Intel Atom 处理器的嵌入式平台上增加了手部电磁感应模块，以测量手部动作和深度。系统还扩充头部陀螺仪，以测量头部角度。综合以上信息，完成互动的虚拟会议室。

Improving Exercise Bike Experience with Google Street View and Virtual Reality

Chan Chun Wing, Chan Hiu Yu, Zhang Qi

Abstract: Cycling is one of the best forms of exercise available. As cycling is often affected by the weather and available places, many people prefer cycling at home on exercise bikes. However, prolonged cycling on an exercise bike could be very boring.

The aim of this project is to provide a better exercise bike experience. The user can cycle on any road around the world with the Google Street View scene updating according to the cycling speed detected by the rotary encoder. With the digital compass and the accelerometer working together, the computer can detect the movement and orientation of the user's head and update the scene in real time. Together with the video eye-wear, a virtual reality experience is achieved.

Keywords: Exercise bike, Virtual reality, Accelerometer, Gyroscope, Compass

1 Introduction

1.1 Background

Cycling is one of the best forms of exercise available. It is proved that cycling is effective in reducing extra calories, speeding up metabolism and training body coordination.

Due to the fact that cycling is often affected by the weather and requires a lot of space, many people prefer cycling at home with exercise bikes. However, prolonged cycling on an exercise bike could be very boring. The aim of this project is to solve this problem by improving the exercise bike experience and therefore promote health by attracting more people to take part in cycling.

1.2 System Schema

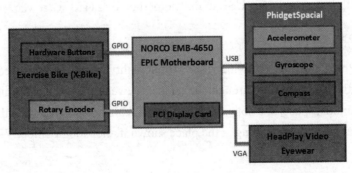

Fig.1 System Block Diagram

1.3 System Overview

1.3.1 Exercise Bike (X-Bike)

We have chosen the X-Bike(Fig.2) which is a low-priced and small-sized exercise bike for our project. Unlike the more expensive exercise bikes in the market, the X-Bike is not equipped with extra features like monitors, heartbeat sensors and training programs. However, we found the simplicity an advantage as we can install our own system and attach other devices to it. For example, some hardware buttons are installed and connected via GPIO so the user to change direction quickly when cycling.

Fig.2 X-Bike

1.3.2 Rotary Encoder

To detect the cycling speed, we installed a rotary encoder in the gear of the bike. The encoder is built by four magnets placed evenly distributed around the gear and one magnetic switch placed above the gear(Fig.3). By connecting the magnetic switch to the GPIO input of the motherboard, four on-off transitions can be detected when one rotation is performed by the gear. Through some calculations we could find the cycling speed in terms of metres per second.

1.3.3 Accelerometer, Compass and Gyroscope

To detect the movement and orientation of the head we used PhidgetSpatial which is a single chip equipped with an accelerometer, a compass and a gyroscope(Fig.4). With these three components we managed to measure the acceleration, magnetic field and angular rotation in the 3D space at the same time. The chip is connected via USB to the motherboard.

Fig.3 Gear with Magnets and Switch

1.3.4 Video Eyewear

Besides the PhidgetSpatial, to achieve the virtual reality effect the user need to wear a pair of HeadPlay Video Eyewear(Fig.5). Through the video eyewear the user can enjoy a huge-screen experience with minimal space. We hope that with virtual reality implementation the user will have a realistic feeling that he or she is cycling at the place shown in the Google Street View.

Fig.4　PhidgetSpatial with USB cable

Fig.5　Video Eyewear

Below is a summary of all the peripheral devices used in our project:

Name	Function	Port
Exercise Bike	Control Streetview	N.A.
Hardware Buttons	Change Direction	GPIO
Magnetic Rotary Encoder	Get cycling speed	GPIO
PhidgetSpatial 3/3/3 (Accelerometer, Gyroscope and Compass)	Detect tilt and orientation of user□ head	USB
HeadPlay Video Eyewear	Show Street View Scene	VGA

1.3.5　Software

Fig.6 shows the interaction of different programs we designed for this project. The C# program is responsible to get the compass, gyroscope and accelerometer value returned by the PhidgetSpatial.

The C++ program is responsible to get the GPIO status. Both the hardware buttons and rotary encoder are connected to the GPIO pins of the motherboard.

The webpage written in HTML and JavaScript is the core of the project. It handles user input and show the Street View pictures.

These programs communicate with each other through writing and reading text files.

The online platform written in PHP is implemented and hosted as a separate webpage. The online platform supports various interactive features. For example, the core webpage can submit user scores to the platform through the Internet.

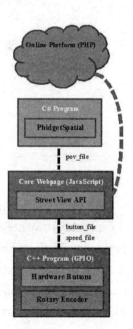

Fig.6　Software Diagram

2 Design and Implementation

2.1 Major Components

2.1.1 Rotary Encoder

The rotary encoder is set up to record the actual distance the user has cycled. As the user is cycling, data will be sent to the GPIO program. Our primitive design is that only one magnet is installed at the gear, which is the part linked to the pedal. Nevertheless, the experimental result obtained was not satisfactory as only one transition is given per rotation. To fix this problem, we installed four magnets around the gear in order to detect smaller changes in rotation.

The diagram in Fig.7 explains how the rotary encoder works. A magnetic switch is installed above the gear. The switch is disconnected when a magnet passes through it. Approximately 3V will be recorded by the GPIO pin on the motherboard. The GPIO program at the background will record the number of transitions every 1 second to calculate the current rotation speed.

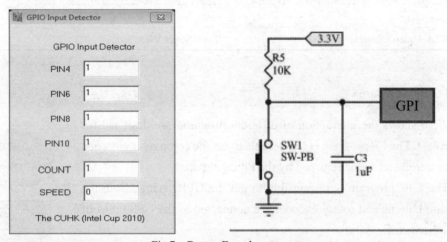

Fig.7 Rotary Encoder

2.1.2 PhidgetSpatial (Accelerometer, Gyroscope and Compass)

To make use of the 360□ viewing feature provided by the Google Street View API to achieve virtual reality, we need to detect the movement and orientation of the user□ head. To do this we used the PhidgetSpatial which is composed of an accelerometer, a gyroscope and a compass. The full information of the Spatial is shown in Fig. 8. It is connected through USB to the motherboard. The accelerometer is responsible to detect vertical motion while the gyroscope and the digital compass are used to detect the horizontal motion (Fig.9).

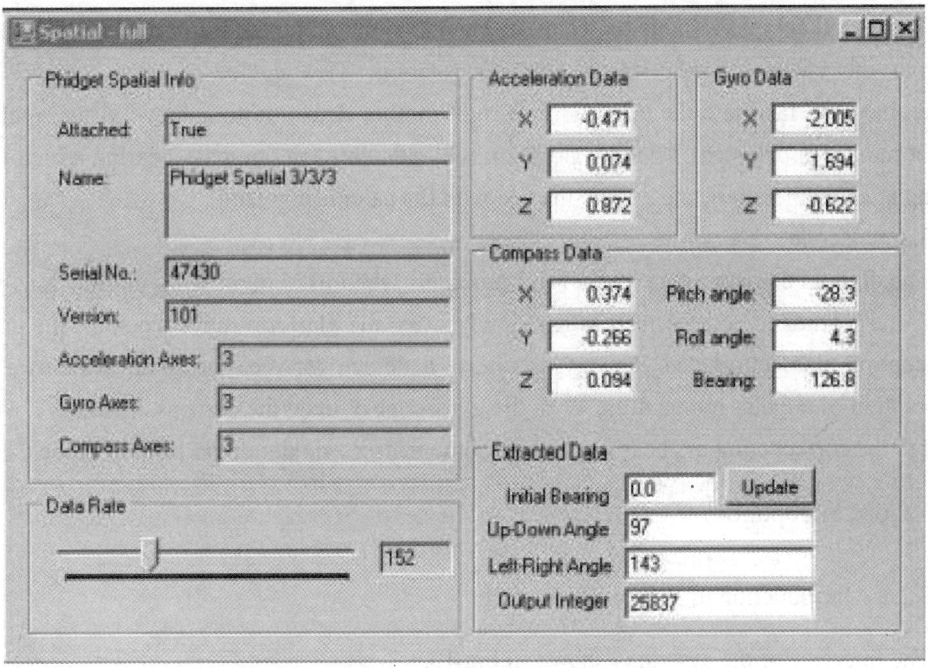

Fig.8 Recording Results from PhidgetSpatial

1. Accelerometer

As we have mentioned before, the accelerometer is responsible for detecting vertical motion. This is a device measuring the acceleration along the x, y, and z axes with respect to the free-fall gravity. The accelerometer acts like a spring. When the user is looking upward, it will be reflected in the change in of y-axis value and it is captured by our C# program. The program continuously reads the data from PhidgetSpatial and writes into a text file every 0.1s. Since the accelerometer is only capable of determing the motion respective to the free-fall motion, it is unable to spot the horizontal motion, hence a gyroscope and a digital compass are introduced.

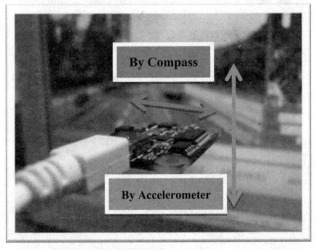

Fig.9 Motion Detection by PhidgetSpatial

2. Digital Compass (Magnetometer)

The digital compass is able to detect the change in magnetic field. In other words, it is able to spot out the changes in horizontal angular rotation. This device is used together with the accelerometer to facilitate the up-down-left-right motion detection to achieve virtual reality effect. Once a motion is detected, our C# program will calculate the compass bearing which the user is looking at mathematically and update the file with the calculated result.

3. Gyroscope

The digital compass alone has several problems when used on moving platforms as it must be level, and it tends to correct itself rather slowly when the platform turns. To solve the problem, a gyroscope is also introduced. The gyroscope is a device for measuring orientation, based on conservation of angular momentum. With the gyroscope, even the compass is tilted, we can also adjust to the correct compass bearing through some matrix calculation performed in the C# program.

2.2 Core Webpage

2.2.1 Introduction to Webpage Interface

The Interface of the system is shown in Fig.10.

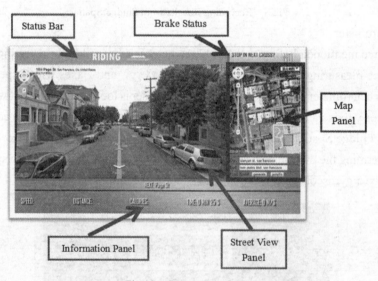

Fig.10   System Interface

Status Bar

The status bar shows the current state of the Google Street View panel. For example, it tells the user to wait if it is building the graph or warn the user if a crossing is coming.

Fig.11   Status Bar

Street View Panel

This panel is for displaying the Street View for user. This panel will support 3 functions: real time sight of the user, turning and cycling ahead.

Map Panel

The map panel acts as a guide and control for the user. The user can see the current location, generate a route or move to another place.

Fig.12　Street View

Information Panel

The name of the next road is shown at the top so that the user can know which road he/she is turning into. Other information like the current speed, distance travelled and calories lost are also shown.

2.2.2　Google Street View Implementation

Introduction to Google Map API

The Google Map API provides discrete but non-continuous view points for users and developers. All the points are located step by step and each of them is not just a simple photo but a 360?panorama.

Fig.13　Google Map

Graph Construction

Google does not provide offline Street View pictures but only provides basic information like location, panoID (a special string to represent a view point), links (relationship between adjacent view points). In order to speed up, our system downloads the information of the viewpoints in a certain area when the webpage is loaded. The information are stored into a graph which every node represents a viewpoint, and every edge represents "linked" or "reachable" relationship between the nodes.

For the implementation, we adopted the DFS (Depth First Search) algorithm. Through setting a bound, we are able to construct a graph with proper size. A new graph will be built when the user reaches the boundary of the graph.

Riding Function

The buffer approach is particular useful when the bicycle advancing at high speed. When the user advances by one step (10m), our system will show the buffer of the next location. Meanwhile, the current buffer will jump to the location 4 steps away. The following table illustrates how the buffer works.

Fig. 14　Street view updating when riding advance

Table 1　Relations between step and state of buffer

STEP	STATE OF BUFFER	STEP	STATE OF BUFFER
Step0	[A-0] B-1 C-2 D-3	Step4	[A-4] B-5 C-6 D-7
Step1	A-4 [B-1] C-2 D-3	Step5	A-4 [B-5] C-6 D-7
Step2	A-4 B-5 [C-2] D-3	Step6	A-4 B-5 [C-6] D-7
Step3	A-4 B-5 C-6 [D-3]	Step7	A-4 B-5 C-6 [D-7]

Turning Function

Two hardware buttons are installed on the bicycle. The left one is for turning left， and the right one is for turning right. The status of the buttons are fetched by the GPIO program every 0.5s and written into a text file which will be read of the webpage through JavaScript.

Fig.15　Turning function and its view

The user can select the road they want to advance using the hardware buttons. Before each crossing， the webpage will warn the user to make sure that the user will not miss it.

POV (point of view) Real Time Tracking

This function is controlled by the PhidgetSpatial chip. The system reads two numbers which are yaw and pitch respectively from the text file periodically. Yaw represents the horizontal orientation while pitch represents vertical tilt.

Fig.16　POV Tracking using information from PhidgetSpatial

The Street View scene is updated whenever these two numbers change. The video eyewear ensures that the user can see the Street View scene no matter how the head turns. Thus, a virtual reality effect is achieved as the scene reflects the changes of user□ POV realistically.

3 Conclusion

Riding an exercise bike could be boring. Our system aims to enhance the exercise bike experience by introducing Google Street View and virtual reality. User can feel like they are cycling on the real road as the scene continuous changes in real time according to the cycling speed and head movement of the user. We hope that our system will be able to encourage people to do more exercise.

(Faculty Mentor: Prof. Xu Qiang
Participating institutions: The Chinese University of Hong Kong)

评审意见：该作品是非常典型的嵌入式互联应用的设计案例，通过巧妙和构思、设计，以及简洁的技术手段，将互联网资源有效地应用于日常生活，并重视用户体验。本设计技术实现逻辑清晰，方案的软硬件架构简明，各功能模块之间关系明确，这对整个方案的实现及维护提供了技术上的保证。整个作品简明扼要，技术要点的介绍通俗易懂。

基于增强现实的 3D 办公系统—IFFICE
3D Office System Based on Augmented Reality—FFICE

李 浩 弋 方 靳潇杰

摘要：该系统基于 Intel® Atom™ 处理器的嵌入式平台开发，以增强现实技术为核心。通过将虚拟物体叠加到真实场景中，创建了一个 3D 可视化的办公环境，用户可直接操作这些虚拟物体。本系统实现了多种办公功能，如文本阅读编辑、电话呼叫、音视频播放、在线会议等。

本系统旨在为用户提供一个移动办公环境，为用户节省了空间，提高了硬件设备的共享率，实现了全新的人机交互方式，为用户带来了轻松便捷的办公体验。在教育、商务、娱乐等诸多领域有较好的应用前景。

该系统充分发挥嵌入式平台功耗低和移动性强的优势，使得贴身办公室的设想成为现实。

关键词：嵌入式平台，增强现实，计算机视觉，移动办公

Abstract: This thesis introduces an Augmented Reality (AR) system named IFFICE, which is developed on Intel® Atom® based embedded platform with Moblin operating system. AR technology is the overlay of virtual computer graphic images on the real world, with which IFFICE builds a 3D office enviroment for users to work in through a Head-Mounted Display (HMD). IFFICE accomplishes document handling, telephone calling, video playing, online conference and other office applications.

This system aims to create a brand-new Human-Computer Interface, under which users can work more efficiently and comfortably, and the mobility of Atom platform ensures that users can work anywhere. IFFICE reflects the future office concept, and can also be applied into many other fields, such as education, business, entertainment etc.

The system fully utilizes the advantage of the low power consumption and strong mobility characteristics of the embedded platform, and provides an office environment for users to work anywhere and anytime.

Keywords: Embedded Platform, Augmented Reality, Computer vision, Mobile Office

1 系统综述

1.1 开发背景

增强现实（Augmented Reality，简称 AR）通过计算机视觉等技术将虚拟信息映射到真实世界，呈现给用户一个全新的感官环境，正受到越来越多的关注。

如今数字化办公已成为 21 世纪的趋势，然而大量的电子设备操作各异，同时对企业经费

和办公空间也造成压力，IFFICE 对未来办公环境提供了一套增强现实的解决方案。

该系统基于增强现实技术开发，用户通过一个视频眼镜，可以看到一个叠加了虚拟物体的现实场景。图 1(a)所示是用户在现实中的桌面，图 1(b)是叠加的虚拟物体，图 1(c)是用户看到的最终场景，此时桌面上具有了许多虚拟物体。这些虚拟物体具有一定的现实意义，用户可通过直接操作这些虚拟物体可以实现诸如文档阅读编辑，拨打电话，以及音视频播放等诸多功能。

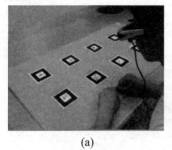 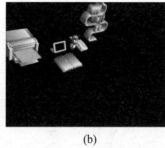 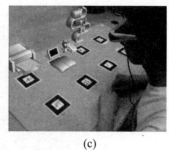

(a)　　　　　　　　　　(b)　　　　　　　　　　(c)

图 1　将虚拟物体与现实场景结合

该系统充分发挥将嵌入式平台低功耗和移动性强的优势，为用户实现了一个随时随地的办公场景，系统的设计理念是：

一个嵌入式平台 ＝ 一个集成办公环境

1.2　功能介绍及应用前景

该系统突破了传统的办公室格局，它提供了工作和休闲两种模式，并可以一键切换，同时有虚拟的桌面助手，可以给你的工作提供更多的帮助。工作模式下支持文档阅读、编辑、打印，在线会议聊天、记录，GSM 网络通话，邮件接发等功能，休闲模式下支持图片浏览、音乐、视频播放，3D 互动游戏等功能。类似大多数计算机图形桌面，您可以下载主题包，定制自己更炫更酷的办公室风格。

1.3　系统硬件

系统硬件结构图见图 2。

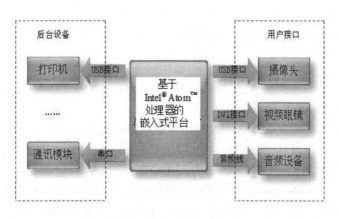

图 2　硬件结构图

1.4 软件平台搭建

IFFICE 采用 Intel 开发的基于 Linux 的 Moblin 系统。经过内核定制与指令集优化，使得 Moblin 更能发挥基于 Intel? Atom□ 处理器的嵌入式平台的性能，同时对移动平台支持性好，适合架设移动办公环境。版本号 Moblin2.1，Linux 内核 2.6.31。IFFICE 系统的架构及所用的函数库如图 3 所示。

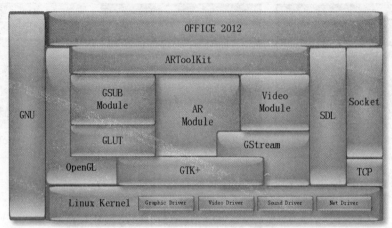

图 3 系统架构图

ARToolKit：它是一个 C/C++的增强现实软件开发包，利用计算机视觉（Computer Vision）技术，可以计算出摄像机在世界坐标系中的实时位置，获得将虚拟图像坐标精确定位到用户视口的转换矩阵，是虚拟与现实融和点。

GLUT：OpenGL 的应用工具包（The OpenGL Utility Toolkit），响应系统的鼠标及键盘事件，并监控应用程序窗口。

Gstreamer：提供一个流媒体应用开发架构，用于从摄像头采集视屏流信息。

SDL_mixer：SDL 的外部扩展库，用于处理音频信息。

2 原理与实现

2.1 基于 ARToolKit 的坐标系统的建立

2.1.1 IFFICE 的主要工作流程

IFFICE 的主要工作流程如下：
(1) 视频获取初始化，以及读入图形标记模板和摄像机参数；
(2) 摄像机捕获真实世界的视频，并将它传送给计算机；
(3) IFFICE 监控视频流中的每一帧图像，并在其中搜索是否有匹配的图形标记；
(4) 如果找到了，IFFICE 将通过计算机视觉技术计算出图形标记和摄像头的相对位置；
(5) 得到摄像头的位置之后，IFFICE 将模型渲染到视频帧画面中图形标记所在的位置；
(6) 真实场景和 3D 模型混合后的视频流通过头戴显示器（HMD）显示出来，故用户通过

HMD 看到视频时，3D 模型便覆盖到图形标记所在的位置，即实现了增强现实的效果。

2.1.2 图形标记识别算法

ARToolKit 通过使用图形标记来确定世界坐标系，标记是由一个正方形的黑色边框和内部的模板图像构成。

2.1.3 坐标系的建立

在图形标记被识别之后，系统中所使用的各个坐标系之间的关系就确立了。图 4 表示了世界坐标系（X_m，Y_m，Z_m）(即图形标记坐标系)和摄像机坐标系（X_c，Y_c，Z_c）与摄像机屏幕坐标系（X_i，Y_i）之间的关系。图 5 表示了系统经过计算后得出的坐标系统的示意图。

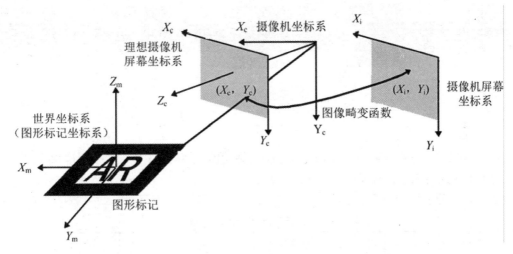

图 4 世界坐标系、摄像机坐标系和摄像机屏幕坐标系之间的关系

图 5 坐标系建立后的场景示意图
（右上方为摄像机，中间为虚拟物体）

2.2 虚拟场景渲染

IFFICE 采用 Metasequoia 及 OpenGL 做 3D 模型的设计和渲染,然后借助坐标系统将 3D 模型导入世界坐标系,从而搭建出虚拟的办公场景。

顶点变换解决了三维物体坐标如何映射到二维图像上,因为最终呈现在用户眼前的图像必然是二维的。顶点变换是由一系列矩阵变换实现的:"模型视图变换",对模型和摄像机的相对位置进行定位,以获得所需的最终图像;"投影变换",指定视景体的形状和方向,而视景体决定了场景如何投影到屏幕上,并决定了哪些物体将被裁减掉;"视口变换",把三维的模型坐标转换为屏幕坐标,如图6。

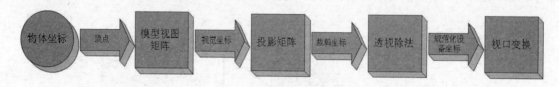

图 6 顶点变换示意图

2.3 硬件模块

通信模块采用 SIM300 完成 GSM 网络的通话功能。SIM300 与平台采用串口连接,使用标准 AT 指令集完成通信控制。

表 1 为部分使用的 AT 指令。

表 1 部分使用的 AT 指令

指令	功能	指令	功能
AT	测试	AT+CLCC	显示来电信息
ATE0/1	设置回显/不回显	ATA	接听来电
AT+IPR=115200	设置通信波特率	ATH	结束通话
ATD***********;	拨打指定号码		

3 操作方式与功能

3.1 操作方式

工作模式下支持文档阅读、编辑、打印,在线会议聊天、记录,GSM 网络通话,邮件接发等功能,休闲模式下支持图片浏览、音乐、视频播放,3D 互动游戏等功能。类似大多数计算机图形桌面,您可以下载主题包,定制自己更炫更酷的办公室风格。用户可以通过手上的操控板(图7a)操作虚拟物体,如按键、列表等。使用者面前的 30cm×20cm×20cm 的区域为操作激活区,用户可通过手中的操控板将物体拖至操作区进行操作(图7b)。

（a）操控板　　　　　　　　　　　　（b）用户在操作区操作

图 7

3.2 功能

3.2.1 文档阅读 编辑及打印

将虚拟书架上的书映射为 Moblin 系统的文件目录，可以用控制手板对书本进行选择，从而打开对应的目录，此时一本翻动的书会浮现在操作区，从书中飞出文档，可以看到文档的摘要信息，继而打开文档，便可进行文档阅读和编辑，如图 8 所示。当进行文档打印时，虚拟的 3D 打印机会有打印动画，同时后台会将文档送至网络打印机进行打印。

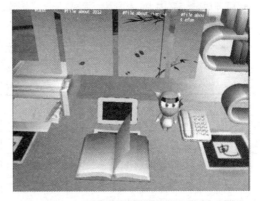

图 8　文档阅读

3.2.2 电话功能

在本系统中，用户可以通过 GSM 网络方便快捷地与外界通话，用户可以通过虚拟键盘直接输入电话号码，或者通过联系人列表用手板选择要通话的联系人，如图 9 所示。

3.2.3 在线会议聊天

基于 TCP 协议的 Socket 通信，为办公人员提供在线聊天会议功能。

3.2.4 电子邮件收发

图 9　电话功能

当用户编辑完一个文档或者打开一个已存在的文档，可以用手中的操控板触发邮件发送按键，在输入完目标地址之后即可发送。

3.2.5 互动游戏

为了增强桌面的娱乐性，给用户提供更愉悦、更人性化的办公环境，系统内置了一款简单好玩的游戏——空中作画游戏。游戏提供了三色画笔，同时支持修改删除功能。

3.2.6 音视频播放

音乐播放功能和文档阅读功能类似,CD架对应着音乐目录,可以用控制手板播放音乐,视屏播放可在虚拟视屏中完成,用户可以将虚拟显示屏放在现实桌面上的任意位置。

3.2.7 桌面助手

在用户使用的过程中,桌面上始终会有一个卡通人物,该人物在用户需要执行操作的时候会作出相应的指示。例如在有新来电时,该卡通人物会作出文字指示并作出相应动作。

4 性能指标测试

4.1 标志物识别率

为了计算标记探测的准确度,采用内边框长80mm的矩形标记,通过改变摄像头和标记的距离和倾角,测试对标记的识别率,见表2。

表2 角度和距离对识别率的影响

识别率 角度 距离	15	30	45	60	75	90
20 cm	0.88	0.94	0.95	0.95	0.94	0.94
40 cm	0.86	0.92	0.93	0.93	0.94	0.92
60 cm	0.82	0.89	0.90	0.91	0.91	0.91

数据表明,摄像头与标记保持50cm以内距离和30°到60°倾角时识别较为稳定,其中45°的倾角识别率最高。

4.2 图形性能

在基于Intel? Atom□处理器的嵌入式平台上的测试结果显示了开启GMA500对OpenGL的优化以及未开启优化时的帧速情况,见表3。

表3 图形性能

测试条件	帧速/(fps) 面数	10,000	30,000	50,000	70,000
mesa-iegd-libGL AIGLX on		22.3	20.6	16.3	13.1
mesa-iegd-libGL AIGLX off		19.4	16.2	12.7	9.8
mesa-libGL		7.1	4.6	2.2	2.1

5 特色与创新

本作品基于增强现实技术,在嵌入式平台EMB-4650上实现了3D办公系统,实现了一种全新的人机交互方式,用户通过视频眼镜操作虚拟的3D办公设备。相比传统的办公模式,本系统大大节省了工作空间，统一了数字设备接口，同时系统的移动性较强，可以移植到手持设备，使得用户能随时随地轻松高效地办公。

IFFICE 系统具有如下特色与创新点：

(1) 低功耗下的优良图形性能。Intel? Atom™ 处理器采用低功耗设计，采用无风扇设计，平台体积小巧，具有较好的移动性。该系统充分发掘了板载显卡 GMA500 的图形性能，开启了该显卡对于 OpenGL 的优化，系统性能有了明显的提升。

(2) 良好的移植性和扩展性。系统采用移植性强的 C++和开源工具包编写，使得 IFFICE 具有很好的跨平台能力。同时模块化开发方式使得系统在功能上易扩展，可根据用户需求自由定制。此外，由于采用虚拟的 3D 模型进行实物映射，用户可根据自己喜好选择模型风格和操作偏好。

(3) 高移动性的贴身办公。传统办公多是写字楼、办公室等定点办公，空间上比较固定，移动性差，无法满足当今社会随时随地办公的需求。IFFICE 创新的提供了移动办公模式，将 3D 物体基于视觉坐标系绘制，同时配以基于 Intel? Atom™ 处理器的嵌入式移动平台，使得贴身办公室成为现实。

(4) 全新人机交互方式。系统针对现实的办公环境，为用户设计了全新的人机交互方式，使用户的操作更加轻松自然，更加便捷高效，更加人性化。用户使用一个手持控制板，即可在 3D 环境中方便准确地对物体进行选择、移动、确认，以及其他相关的各种操作。系统摆脱了传统的办公方式，使用户在轻松的环境中完成办公事务，大大提升了工作效率。

本系统实现了一个虚拟的桌面办公助手，可以在用户操作过程中给予用户相关的提示信息，如来电指示，备忘录事务提醒，操作错误提示以及各种帮助信息等。这样减轻了用户的工作负担，极大地方便了用户的使用，加强了人机交互，提升了工作效率。

系统充分体现了未来的数字化办公理念，可用于教育、商务、娱乐等领域，具有很好的经济效益和推广前景。

（指导教师：任爱锋　参赛院校：西安电子科技大学）

评审意见：系统以增强现实技术为核心，将虚拟物体叠加到真实场景中，创建了一个 3D 可视化办公环境，实现了一个全新的人机交互方式，用户可通过视频眼镜操作 3D 办公设备。该系统移动性较强。

幻境漫步者——基于体态感知与3D立体显示的趣味漫步系统
Wonderland Roamer—the Interesting Walking System Based on Body Posture Sensing and Stereo Display

聂 勤　徐 铭　孙鹏冬

摘要：本文介绍了基于体态感知与立体显示的虚拟漫游系统，充分利用嵌入式平台的系统资源与特点，扩展外围传感器、无线网卡、数字头盔等硬件设备，以开源的OpenSceneGraph三维图形引擎为开发工具，结合3DStudio Max建模，设计实现出利用身体姿态进行虚拟漫游控制，并且具有3D立体显示功能的趣味健步系统，有很强的沉浸感，使用者能在运动健身的同时享受到幻境漫游的无限乐趣。同时，系统有监视保护功能，提醒使用者避开现实中的障碍。

关键词：虚拟漫游，体态感知，立体显示

Abstract: This paper introduces a virtual roaming system based on body posture sensing and stereo display. The system makes full use of the resources and features of the embedded platform to extend hardware devices, such as sensors, wireless network card, and head-mounted display. OpenSceneGraph, an open source software development tool, is used as the graphics engine, and incorporates 3DStudio Max as model designing tool to complete the interesting walking system. This system not only takes advantage of body posture to control virtual roaming accordingly, but also has the function of displaying 3D stereo scene. Moreover, it has strong sense of immersion, making the user enjoy infinite pleasure while exercising for fitness. In addition, the surveillance and protection functions remind form the user to avoid obstacles in reality.

Keywords: Virtual roaming, Body posture sensing, Stereo display

1　系统设计方案

1.1　系统总体设计

1.1.1　系统功能

(1) 使用者通过数字头盔能够看到三维场景的立体显示效果。

(2) 感知人体的动作行为，虚拟场景的视角跟随人体姿态变化发生变化，实现人机交互的功能。

(3) 提示漫游者避开现实环境的障碍物并且随时跟踪漫游者在虚拟场景中的方位坐标。

(4) 整个系统设计为便携可背负式，随处可用。

1.1.2 系统开发的框架结构

针对以上功能设计的要求，系统的开发主要分为以下四大模块。系统的设计流程及组成框图如 图 1 所示。

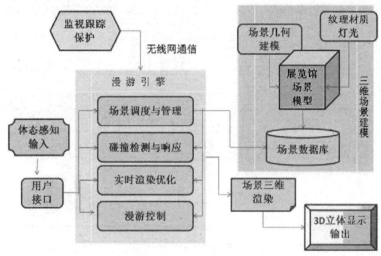

图 1　系统设计流程与组成框图

1. 三维场景模型的构建及渲染模块

三维场景建模是虚拟漫游场景生成的基础，模型构建的逼真性及其渲染的实时性直接影响着漫游系统的性能，逼真性与实时性之间的平衡是需要重点考虑的问题。

2. 基于体态感知的漫游器设计模块

漫游器是一组支持三维场景漫游的核心程序，负责实现输入映射与视点控制、虚拟场景调度管理、LOD 模型切换、碰撞检测与响应、体态感知交互设计等漫游系统功能的实现。

3. 场景的实时立体显示模块

三维场景的立体显示需要借助于专业的显示设备（例如数字头盔）输出图像。选择合适的显卡及其驱动程序，并将数字头盔合理连接从而实现立体显示功能。

4. 虚拟漫游的监视跟踪保护模块

虚拟漫游监视跟踪主要是根据用户在虚拟场景漫游时出现的实时状况进行记录跟踪，包括实时位置状态信息反馈、GPS 定位、接近开关碰撞提示等等，为本漫游系统的稳定运行提供了有力保障。

1.2 系统开发的软硬件平台的搭建

1.2.1 系统软件开发工具的选择

系统开发以 VS2005 为平台，采用 OpenSceneGraph（OSG）三维图形引擎为开发工具，3DStudio Max 作为场景建模工具。

1.2.2 系统硬件架构搭建

系统利用体态感知输入进行虚拟漫游并最终 3D 显示漫游场景的效果需要包括传感器、数字头盔、嵌入式平台等一系列硬件条件支持，系统的硬件结构连接框图如 图 所示。

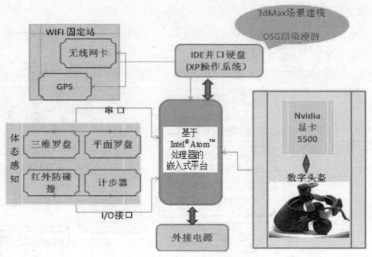

图 2　硬件结构连接图

本系统使用了较多传感器、独立显卡、散热风扇等外设，并且采用电池供电，需要设计一个电源供电板来提供所需的各种电压。

2 系统主要功能模块的设计与实现

2.1 三维场景建模与渲染的设计与实现

一般地，虚拟场景建模实现的过程分为三步：第一步是几何建模，主要包括用多边形或三角形构成对象的立体外形；第二步是形象建模（也称物理建模），主要包括对几何建模的结果进行纹理、颜色、光照等处理；第三步是三维场景渲染实现。前两步是虚拟场景构建过程，第三步则是场景渲染控制过程。本系统中使用 3d Max 构建一个室内展览馆的场景模型，然后导出 IVE 格式文件加载到 OSG 中以便渲染漫游，效果如图 3 所示。

图 3　室内展览馆不同视角渲染图

2.2 基于体态感知的漫游器的设计与实现

2.2.1 漫游器设计原理

用户观察到的图像主要是由场景相机的位置和观察角度所决定。因此三维环境中的场景漫游器采用实时修正场景相机观察矩阵（即观察者的观察位置和姿态）的方式实现平滑的导航浏览。在 OSG 中，漫游器也是事件处理器的一种。因为控制漫游往往伴随着事件的发生，如通过敲击键盘、点击鼠标或者传感器数据的输入等。在事件处理函数中根据相应的参数和数据来修正场景相机的观察矩阵，就完成了漫游的过程。

2.2.2 漫游器的设计与实现

编写的自定义漫游器类主要实现以下几个功能：
(1) 使用指定的参数进行观察矩阵的修正；
(2) 通过修正观察矩阵，实现在虚拟场景内移动的功能；
(3) 接着通过修正观察矩阵，实现在虚拟场景内改变视角的功能；
(4) 将观察矩阵与场景相机联系起来，使得改变矩阵能够实时改变屏幕显示的场景位置。

OSG 中提供有一个矩阵操作器的虚拟接口（即 osgGA::MatrixManipulator），该类包含了矩阵变换相关的成员变量及函数，直接继承该类可以降低设计难度。另外，还设计了 handle() 函数用于响应事件消息信息进行漫游操作；getMatrix()函数通过参数 head_rotation 传递来的数据进行矩阵变换，用于获得当前观察矩阵；setMatrix()函数用于设置观察矩阵；ChangePosition() 函数用来改变相机位置；TravelToScene()函数将漫游器和场景浏览器结合起来。头部传感器数据采集来以后传递到 head_rotation，用以控制视角；身体朝向，以及是否走动的相关传感器信息则用以控制行走。因此，漫游器实现以后，只要采集到正确的传感器数据，即可进行正确的漫游控制。

2.2.3 体态感知漫游的实现

本系统需要在漫游者身体的适当部位安装传感器来感知漫游者当前的身体姿态，然后将采集的数据发送到嵌入式开发板上，开发板对采集到的数据进行滤波处理以满足漫游的稳定与舒适需求。

1. 传感器的选型

由于系统需要获得漫游者头部姿态、行走朝向、行走状态等三方面信息，因此传感器的选择也围绕这三方面进行。

首先，头部姿态。由于这是相机的观察方向，也是三维空间内的任意方向的向量，需要航向角、俯仰角和横滚角三种数据，因此，选用三维罗盘安装在漫游者头部来感知头部姿态。本系统应用的是陕西航天长城科技有限公司的 FNN-3300 数字罗盘。

其次，行走朝向。虚拟漫游时除了需要相机的观察方向，还需感知漫游者身体的朝向，也就是虚拟漫游时前进的方向，这个方向向量只在水平面上变化，因此选用一维（平面）罗盘即可。本系统中应用的是直川电子 ZCC211N-232 电子罗盘。

其次，行走状态。得到了漫游者行走的朝向还需要知道其是否在行走，走了多少步这样的状态信息。计步器就是实现这个功能的传感器，它由一块磁铁和一个干簧管组成。当安装计步器的漫游者走动时，由于身体发生震动而使磁铁位置发生变化，每走一步磁铁会滑动一次而经过干簧管。在经过干簧管时由于磁场的作用会使干簧管导通，所以通过检测干簧管是否导通就知道了漫游者的行走信息。

2. 传感器数据的采集及处理

本漫游系统设计利用三个传感器来感知漫游者的身体姿态行走状态等信息，这些数据信息需要及时准确地反馈给漫游控制器。结合嵌入式开发板的多数据接口的优势与操作系统多线程控制的智能性，很好地实现了传感器数据的采集、滤波等功能。

(1) 数据采集。三维罗盘和平面罗盘采用RS232串口通信协议，通过三线传输模式，按照打开串口、串口初始化、读取数据的大致流程完成嵌入式开发板与罗盘间的串口通信。计步器的工作原理可以理解为一个通断电路，若漫游者走动则会产生通断交替的0或1信号，若漫游者停止则一直为断路。因此可利用GPIO对计步器进行数据采集。采集过程大致也需要进行GPIO初始化、读取数据寄存器数据、数据处理等步骤。

(2) 滤波处理。滤波主要针对三维罗盘的数据来处理。滤波算法的实现目标是使漫游者头部运动基本停止时（头部总会有轻微晃动）时画面静止不变，当头部运动时画面要与之同步，滞后时间不能过长。本系统中罗盘本身噪声并不大，因此我们采取相对简单的滤波算法，加窗和均值滤波，实现简单，效果也不错。

3. 碰撞检测算法实现

本次碰撞检测主要通过OSG中自带的一个计算交点的类osgUtil::IntersectVisitor来实现。首先利用函数osg::LineSegment生成两条线段，即旧位置到新位置的连线和新位置上Z轴方向上的一条线段；然后使用osgUtil::IntersectVisitor的成员函数hit()即可得到是否与场景模型发生碰撞的结果。在之前提到的改变漫游坐标的ChangePosition()函数中加入判断碰撞检测结果的条件，如果碰撞则不改变位置，没碰撞才改变。

2.3 3D立体显示的设计与实现

本系统使用双目的头盔显示器（Head-Mounted Display，HMD）作为显示设备，利用Nvidia的3D Stereo立体显示驱动，将虚拟场景输出到HMD的两块液晶显示屏上。通过双目图像的略微不同产生的视差，来产生立体显示的效果。

2.4 监视跟踪与保护模块的设计与实现

系统的感知漫游功能设计实现好后还需要考虑漫游者漫游时的安全保障等问题。主要有以下四个方面：首先，漫游者头戴头盔看不到现实的场景环境无法自主避让障碍物；其次，在户外漫游时漫游者的健步活动需要有一个安全范围提示；再次，漫游者需要知道自己在虚拟场景中的位置，以免迷路；最后，如何让漫游者戴上头盔进行虚拟场景漫游的同时使其他观众也能看到实时的画面。

2.4.1 接近开关

为保证漫游者不会碰撞障碍物，在漫游者身上安装好接近开关，通过嵌入式开发板上提供的GPIO不断检测接近开关的状态，得到是否有障碍物的信息从而给出提示。由于接近开关的检测距离可调,读出接近开关的通断就可以判断一定范围内的障碍物然后给予相应的文字或语音提示。

2.4.2 GPS监视

漫游者在户外漫游活动时应当是在一定的安全范围之内进行的,譬如说半径为15m的圆,当用户步行超出此范围时会给出相应声音或文字提示。通过GPS模块接收目前的经纬度信息,再计算出距初始点的距离即可实现该功能。

2.4.3 鹰眼图跟踪定位

鹰眼图也就是漫游场景的小地图,它的主要作用是在屏幕左下方显示出整个虚拟场景的俯视全景图,并用一个小箭头实时跟踪指示漫游者当前所处的位置和朝向。

鹰眼图的实现主要由三部分构成:创建一个副相机,在副相机内添加场景的俯视全景图和指针以及关联指针。这些都是通过OSG的相关函数完成的。

2.4.4 漫游系统与工作站的无线通信

漫游者在虚拟环境漫游时需要与系统进行人机交互,而工作站也需要对漫游者的漫游信息进行实时监控,这就需要无线通信来传输漫游的数据。漫游系统与工作站之间进行点对点通信。漫游系统发送给工作站的数据信息主要为当前相机的位置坐标(x, y, z)和观察方向的角度值(横滚、俯仰、航向)。工作站实时不断的接收到六个数据信息,同时更新其漫游程序,漫游场景的画面也就同时变化。通过无线通信就可以将漫游者从数字头盔中看到的漫游场景及时的反映在工作站监控显示当中,便于协调控制,也可使更多人看到漫游画面。

3 系统测试及性能分析

3.1 场景的漫游渲染的流畅性

在虚拟漫游中场景渲染的实时性直接影响着漫游的效果,而场景模型的真实感与实时性又是相互矛盾制约的,这两者的平衡需要经过不断的调试平衡,最终达到比较合适能够接受的效果。场景的真实感是一个模糊的主观感受,而渲染的实时性除了可以由人们对画面的连续性进行主观判断,还可以通过实时渲染的帧速率来客观衡量。

漫游者在虚拟场景中连续走动,观察到画面渲染的实时速率如表1所示。

表1 画面渲染实时速率表

场景顶点数	17056	34613	51791
帧速/(fps)	15.9	14.1	12.4

场景顶点数可以粗略的认为是场景的复杂度,顶点越多,场景越复杂,模型越真实。而由于开发平台的限制,我们的场景模型不可能做到非常复杂,因此保证了任何时候场景渲染帧数都不小于每秒12帧,使用者可以看到流畅的场景视图。

3.2 体态感知的灵敏性

漫游系统的人机交互性是考察系统优劣的一个重要方面。本系统中通过体态感知实现人机交互，传感器感知到人体姿态的准确性以及传输数据的迅速精确对于人机交互性能有很大影响。通过多次测试系统对不同姿势变化的反应，得到如表2所示的结果。

表2 罗盘感知检测结果

方　向	航向	俯仰	横滚	身体朝向
范围/°	0～360	-75～75	-75～75	0～360
精度/°	2	1	1	4
响应速度/s	0.2	0.1	0.1	可忽略

（指导教师：冯祖仁　参赛学校：西安交通大学）

评审意见：该作品扩展了加速度传感器、数字头盔、无线网卡，充分利用三维图形引擎开发工具和嵌入式平台的资源，实现了具有真实三维体验感的趣味漫步系统。系统还实现了监视保护功能，可提醒使用者避开现实中的障碍，具有实用价值。

工业园区安防监测卫士凌灵狗
——基于 Intel® Atom™ 处理器的轮式机器人
Watchdog-The Security Monitoring Guard in the Industrial Park
—The Wheeled Robot Based on Intel® Atom™ Processor

王 举　赵翊凯　张东东

摘要：本作品使用基于 Intel® Atom™ 处理器的嵌入式平台，采用 Moblin 嵌入式操作系统，应用多线程技术，实现具有远程实时视频监测、运动目标监测、传感数据采集分析、监测信息短信提示等功能的安防监测机器人。本作品使用低功耗的 Intel® Atom™ 处理器，延长了系统的监测时间，并且可扩展多种传感器以满足不同安防监测的需求。本作品能够实现静态目标侦测和动态无人巡逻，在系统方案设计上具有一定的创新性和实用性，能有效提高工业园区安防监测的准确性、快速性、实时性。

关键字：Intel® Atom™ processor，Moblin，低功耗，多线程，工业园区安防监测

Abstract: This wheeled robot utilizes Intel® Atom™ processor based platform and Moblin OS. With multi-threading technology, the project implemented the features including real-time video capture and compression, data acquisition by sensors, moving target tracking, and has met the need of security monitoring In addition, the low-power Intel® Atom™ processor used in the design can greatly extends the monitoring time, and expand a variety of sensors to meet the need of different security monitoring. Our design is innovative and practical, and can improve the industrial park's security monitoring more efficiently.

Keywords: Intel® Atom™ processor, Moblin, Low-power, Multi-threading technology, Security monitoring in the industrial park

1　作品介绍

随着我国经济的快速发展和招商引资力度的不断扩大，工业园区的各种工矿企业也逐渐增多。工业园区产品繁多、人员混杂，复杂的生产环境很容易出现火灾、有害气体泄露、爆炸等各种危害生命健康的事件，如何监控这些企业的周边环境，防范意外事件的发生成为近来的热点话题。工业园区安防监测卫士作品，是一款以 Intel® Atom™ 处理器为核心，基于 Moblin 操作系统的轮式安防监测机器人。该机器人作品具有远程实时视频监测、运动目标监测、传感数据采集分析、监测信息短信提示等功能，能够实现对工业园区的安防检测。

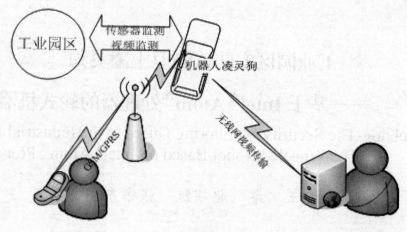

图 1 系统构架图

2 系统方案

2.1 系统总体设计方案

为满足工业园区安全监测的需求，实现远程实时视频监测、运动目标监测、传感数据采集分析、监测信息短信提示等的功能，本作品在设计上采用基于 OpenCV 视频采集和 MPEG-4 视频压缩算法，提供监测区域的实时视频监控；采用基于 CamShift 算法的运动目标监测，使得机器人能在监测区域内以巡逻的方式动态跟踪监测目标；采用基于并口的 4 路红外热释传感器进行数据读入，以供软件算法识别监测目标位置；采用基于串口控制的 GSM/GPRS 模块，使得监测人员不在监测中心也能以短信的方式了解工业园区实时状况；采用基于串口的电机控制，确保 Moblin 系统软件实现对轮式机器人的动力控制操作。具体方案如图 2 所示。

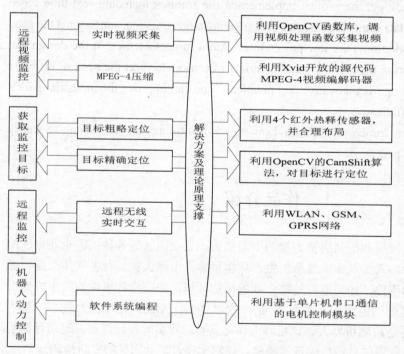

图 2 系统总体方案设计

(1) 基于 OpenCV 的实时视频采集，它是视频监测的第一步。OpenCV（Open Source Computer Vision Library），是开源的计算机视觉库。它轻量级而且高效——由一系列 C 函数和少量 C++ 类构成，实现了图像处理和计算机视觉方面的很多通用算法。OpenCV 的 HighGUI 函数库提供各种图像、视频、数据的输入输出和简单的 GUI 开发。利用 OpenCV 函数库，调用视频处理函数库函数进行视频数据采集，从而为实时视频传输做好准备。

(2) 基于 Xvid 的 MPEG-4 视频压缩，它是远程视频监测的关键技术，采集到的视频数据需要很好的压缩才能在 WLAN 上发送。利用 Xvid 开放的源代码 MPEG-4 视频编解码器可以解决此问题。Xvid 基于 OpenDivX 编写，是目前世界上最常用的视频编码解码器。具有基于内容的交互性、高效的压缩性、通用的访问性，针对易出错环境进行了鲁棒性设计，来保证其在许多无线和有线网络以及存储介质中的应用，可以很好的应用于实时可视通信、远程视频监控等，满足无线传输实时监测视频的要求。

(3) 基于红外热释传感器的人体或热源检测，为使机器人能感知安防监测区域的环境状态，需要给机器人安装传感器以满足不同安防监测需要。为方便说明本作品的作用以及功能、测试的实现，本作品只采用了一种传感器——红外热释传感器，通过它采集人体等有温度变化的环境数据。利用 4 个感知角度为 120 度的红外热释传感器，在一个平面上合理布局，每个传感器对应可以感知一片区域，4 个传感器就能覆盖整个平面，实现全区域的感知监控。将不同传感器的信号采集后经系统软件算法分析处理，就能确定监测目标的粗略区域位置，同时使机器人摄像头转向该区域，为目标精确定位做准备。

(4) 基于 OpenCV 和 CamShift 算法的运动目标检测，为完成对目标的精确定位，并实现运动目标跟踪，利用基于 OpenCV 和 CamShift 算法，对目标进行定位和跟踪。运动目标检测就是实时的在被监视的场景中检测运动目标，并将其提取出来。本文采用连续帧间差分法，通过对视频图像序列中相邻的两个或三个图像进行差分运算来获得运动物体轮廓，检测出初始的运动目标，一旦认为此目标满足条件，便根据目标在 HSI（色调、饱和度、强度）空间中 H 通道的色调特性，利用"连续适应性均值移动算法（CamShift）"，对目标进行跟踪。OpenCV 的运动目标检测，弥补了红外热释传感器定位不准的缺点，实现了运动目标的精确定位追踪。

(5) 基于 WLAN、GSM/GPRS 的远程无线交互，为保证安防监测人员对工业园区安全状况的远程实时监测及与机器人的实时交互，系统综合利用 WLAN、GSM、GPRS 网络保障了交互的多样性、及时性，使得监控人员无论是在监测室的终端系统前还是外出，都能及时地了解到工业园区实时安全状况。

(6) 基于单片机的串口电机控制，使用 Atmel Mega16 单片机设计的电机驱动对电路机器人进行控制，通过 2 路 4 个直流电机不同组合控制，完成机器人的动力控制。电机驱动模块与 EMB-4650 开发板通过串口 RS232 通信，使 Moblin 系统软件实现对轮式机器人的动作进行控制操作。

2.2 系统硬件框图

系统硬件主要包含三个外部硬件扩展板、一个 LVDS 触摸显示屏、一个摄像头、一个 802.11b 无线网卡、一个 12V、8000mAh 锂电池、以及一个四驱小车底板构成。其中扩展板 A 是电机驱动控制模块，EMB-4650 通过串口发送命令控制小车的行进；扩展板 B 是红外热释传感器信息采集、处理、传送模块，通过其将目标的信息送往 EMB-4650 主板；扩展板 C 是 GSM/GPRS 网络发送接收模块。具体系统硬件方案如图 3 所示。

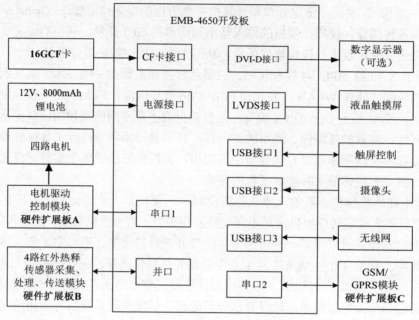

图 3　系统硬件设计方案

2.3　系统软件框图

系统软件共分为操作系统部分和应用软件两部分。操作系统部分由 Moblin、Linux 内核、外设驱动、QT 构成，是完成各种功能实现的软件开发平台。应用软件部分由一个主线程、5 个子线程组成，实现了主要软件代码框架，具体系统软件方案如图 4 所示。

3　功能与指标

本作品主要功能及特点描述如下：

表 1　作品主要功能及特点

功　能	实现方案	具体参数	
视频采集	OpenCV 采集	分辨率大小：320*240	采集滞后：无
视频压缩	MPEG-4 压缩	压缩时间： 静止画面 50ms 动态画面 270ms	压缩比 静止画面 22 动态画面 10
视频回传	WLAN	协议方式：802.11b	传输滞后：120ms 左右
运动目标跟踪	连续帧差法及 CamShift 算法	50m 范围内	必须是运动的物体
环境感知	各种传感器	需要数字量输出	
无线通信方式	WLAN、GPRS、短信	WLAN：802.11b	GSM/GPRS：900/1800MHz
低功耗	采用 Intel® Atom™ 处理器	待机下功耗：1.3W	全负荷下功耗：27W

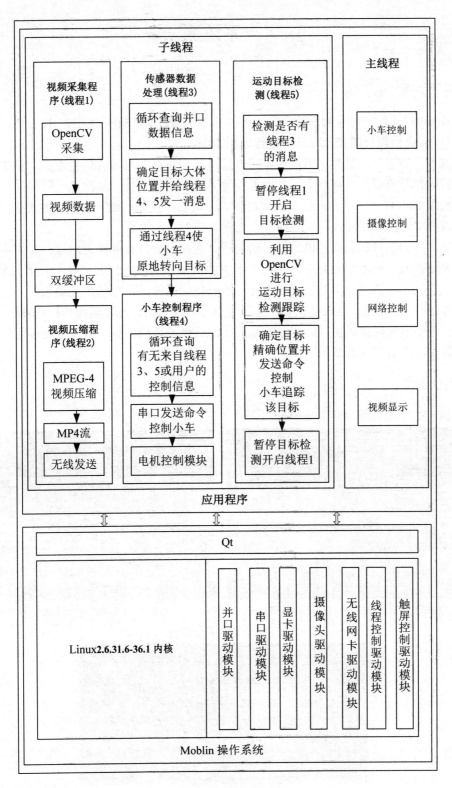

图 4 系统软件框图

4 系统测试

4.1 测试方案

在 10m*12m 的一号房间里站立一人并将机器人放在该房间某处距人 10m 内,在二号房间里用一台 PC 机做安防监测终端,进行远程监测。

测试一,静态目标监测。机器人不动,等待监测目标的出现并锁定跟踪。首先在二号房间的远程端打开机器人视频监测、传感器监测系统等进行监控。其次,一号房间内保持人与机器人相距 10m 以上,然后人逐步靠近机器人。最后,在此基础上检测机器人能否及时发现人,能否将实时视频传回远程监测端,实时视频是否能流畅等。

测试二,动态目标监测。机器人自动巡逻,查找监测目标并锁定跟踪。首先在一号房间内保持人与机器人相距 10m 以上,同时保证人在机器人的巡逻范围之内,机器人保持等待命令状态。其次,在二号房间的远程端打开机器人视频监测、传感器监测系统,并且设定好机器人的巡逻路线。最后,当机器人在指定巡逻区域内巡逻时,测试其能否准确发现监测目标,能否将巡逻中的实时视频传回远程监测端,实时视频是否能流畅,以及当发现监测目标后短信能否及时发送给监测人员手机等。

4.2 测试数据

测试一:静态目标监测(见图 5、图 6)

(a) 机器人不动等待监测目标出现监测　　　　(b) 目标出现机器人立即进行跟踪

图 5　静态目标监测

图 6　远程监控端实时视频显示

测试二：动态目标监测（见图7）

(a) 机器人开始巡逻　　　　　　　　　　(b) 机器人检测到目标

(c) 机器人追踪到该目标

图7　动态目标监测

4.3　结果分析

机器人待机不动时，当监测目标出现后能及时锁定跟踪，传回实时视频，并且通过发送短信通知安全监测人员。在机器人自动巡逻时，当监测目标出现在监测区域时，机器人能主动查找监测目标并锁定跟踪，传回实时视频，并且通过发送短信通知安全监测人员。

由表2可见无论是在何时以何种方式，机器人都能及时找到、并跟踪检测目标，感知检测目标基本没有延迟，定位并开始跟踪目标平均需要3s左右，满足预计需求。实时视频压缩延时大概在100ms左右，总传输延时120ms左右，但能保证实时画面的流畅，也满足实时监控的要求。安全监测状况也能够通过短信及时通知监测人员。

表2　机器人响应时间测试

测试次数	目标与机器人距离 / m	目标开始移动时刻（2010-6-28）	机器人响应时刻（2010-6-28）	准确定位并开始追踪时刻（2010-6-28）	是否发送短信
第一次	3	14:38:10	14:38:10	14:38:13	是
第二次	4	14:41:02	14:38:02	14:38:05	是
第三次	5	14:45:20	14:38:20	14:38:22	是
第四次	6	14:50:41	14:50:42	14:38:46	是
第五次	7	14:55:32	14:50:32	14:50:35	是

5 特色与后续改进

5.1 特色

企业稳定的发展离不开安全的生产环境，安防是保证企业安全生产环境的重要手段，典型安防技术有入侵报警技术、视频安防监控技术、出入口控制技术、电子巡查技术、车辆和移动目标防盗防劫报警技术等。目前大部分使用的前端设备是各种类型的摄像机（或视频报警器）及其附属设备，传输方式可采用同轴电缆传输或光纤传输；系统的终端设备是显示、记录、控制、通信设备（包括多媒体技术设备），采用独立的视频中心控制台或监控－报警中心控制台的视频安防监控技术。

本作品融合了入侵报警技术、视频安防监控技术、电子巡查技术、移动目标跟踪技术，借助基于 Intel® Atom™ 处理器的嵌入式平台并利用 Moblin 嵌入式操作系统设计实现的工业园区安防机器人。

5.2 后续改进

本作品通过 WLAN 网络连接到互联网，而 WLAN 本身覆盖有限，所以限制了机器人的工作范围。另一方面，作品且采用 MPEG-4 视频压缩算法，可以实现视频采集和传输的功能，但在接收端的视频处理上有些滞后。因此可以从以下几个方面对系统设计进一步完善：

(1) 选择更优的视频压缩算法。
(2) 用 GPRS 代替 WLAN。
(3) 实现手机控制和视频回传。通过对这些方面的改善，使得本作品能更好地应用到工业园区安防监测。

（指导教师：邢天璋　参赛学校：西北大学）

评审意见：该作品系统以基于 Intel® Atom™ 处理器的嵌入式平台为核心，集成了 USB 摄像头、GPRS、WLAN、红外热释传感器等传感与通信模块，采用 Moblin 操作系统实现了可疑目标发现与跟踪监测，远程无线交互监控，实时报警和数据管理等功能。作品针对应用需要对 Moblin 系统进行了合理裁减，软硬件制作较完整，测试中能够完成指定的动作。希望能进一步提高系统的稳定性和可靠性，以满足实际应用的需求。

基于智能视觉技术医用药剂中可见异物自动化检测系统
Automatic Injection Impurity Detecting System Based on Intelligent visual technology

肖　亮　李俊杰　桑延奇

摘要：针对国内人工药品检测低效率、低准确率的不足，按照国家行业标准设计了一套基于智能机器视觉的可见异物自动化检测系统。该系统主要包括机械传动模块、电气控制模块和图像识别与处理模块。根据异物运动连续性和噪声运动无序性等特点，作品使用改进的二次差分算法从图像中提取运动杂质，然后采用基于 SIFT 特征的 MeanShift 算法对杂质进行跟踪，最后检测出杂质情况，并由此判断产品质量是否合格。测试表明，系统的检测分辨率达 40μm，准确率达 90%以上，满足企业要求，基本能替代人工检测。

关键词：机器视觉，可见异物检测，序列图像二次差分，异物跟踪

Abstract: According to the national standards of production, our team designs an automatic impurity detecting system based on intelligent visual technology to address the low efficiency and low accuracy of domestic manual detection. The system mainly includes mechanical transmission module, electrical control system module and image processing module. According to the feature-continuity of impurities movement and discontinuity of noise movement, we propose an improved second-difference algorithm in order to extract movement impurities, then use the SIFT features and MeanShift algorithm to track impurities, finally detect the extracted impurities, and find out whether the product is qualified. Experimental results show that the system can detect impurity whose diameter is above 40 microns, and the system accuracy rate can reach 90%. It meets the requirements of most enterprise, and in most cases can replace the original manual testing.

Keywords: Machine vision, Visible impurity inspection, Image sequences second-difference, Impurity tracking

1　项目背景

灌装药品的质量检测是制药过程的一个重要环节，是药品质量的可靠保证。在灌装过程中，药液中可能出现玻璃碎屑、铝屑、橡皮屑、毛发、纤维等可见异物；如果异物随药液注入人体血液，可能导致循环障碍、组织缺氧、静脉炎或水肿等严重后果。目前，国内大部分制药企业采用人工灯检的方法：在暗室中配备简单的检测灯箱，工作人员对待检测药品轻轻翻转，通过目视检测异物。此方法存在操作繁琐和检查速度慢的问题，而且检查人员长时间检测后眼睛容易疲劳，影响检测结果。在医药生产线自动化的今天，可见异物人工检测的人力资源要占用整个药品生产过程的 50%以上。

针对现有人工灯检方法的不足，本作品提出了一种采用智能机器视觉的可见异物质量检测方法。该方法主要原理是通过对药品图像进行分析从而得到所需的检测信息，具有检测精度高、检测结果一致性高等优点。

2 系统方案

针对国内人工药品检测低效率、低准确率的不足，本作品使用图形处理算法，设计实现了一套基于机器视觉的自动化智能检测系统。

2.1 系统硬件设计

该系统硬件由机械传动系统、可见异物成像系统、PLC（Programmable Logic Controller，可编程控制器）控制系统和工控机 EMB-4650 组成，如图1所示。

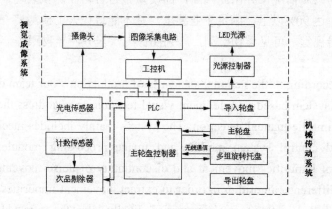

图1 电气控制系统

该检测系统的主体为封闭的隔光机身，可内嵌于直线型生产线上。系统的运转效果图如图2所示，灌装后的透明药剂从左往右进入系统的机身，在旋转平台上完成整个检测过程的图像采集环节之后从输出口转出，系统通过对采集的图像进行分析，并使用次品剔除器分拣出不合格的产品。

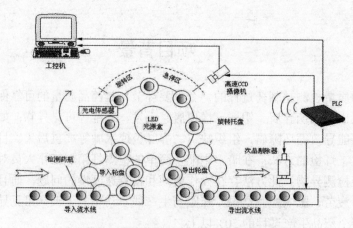

图2 智能输液检测系统的系统运转效果图

系统检测流程图如图 3 所示。

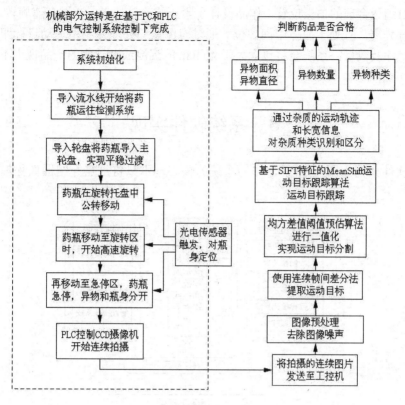

图 3　系统检测流程图

2.2　检测对象分析

透明药剂中可能包含的异物有：玻璃碎屑、铝屑、橡皮屑、毛发和纤维等，异物在形状、大小和数量上的不确定性增加了检测的难度。为了实现对各种异物的一次性统一检测，我们将可能存在的异物划分为黑色和白色两类，如表 1 所示。根据不同颜色类型异物的光学特性，我们设计了背部近光白色背景和侧部近光黑色背景两种 LED 照明系统，并设置两个工位对药瓶进行检测。

表 1　可见异物类型表

类型	橡胶	玻璃屑	化学纤维	色点	毛发
颜色	白色	白色	白色	随机	黑色
来源	瓶口包装物	瓶子碰撞、破碎	清洗过程	包装过程	现场操作员
取光	侧边取光	侧边取光	侧边取光	侧边取光	背部透光
图例					

药瓶中的异物颗粒,一般会沉在瓶底或附在瓶壁,很难通过直接拍摄的图像进行检测。为使异物颗粒到达合理的拍摄位置,作品设计了紧压式旋转托盘,通过高速旋转,然后急停,使异物和瓶身分离,且处于瓶体中间部位。通过对图像的处理并利用运动目标跟踪算法可检测出异物的尺寸及数量,系统会将包含大于40μm的沉淀或者异物的产品视为不合格产品进行处理。

3 系统软件实现

系统的软件架构如图4所示,作为系统的核心,本节将重点介绍图像处理和目标跟踪算法。

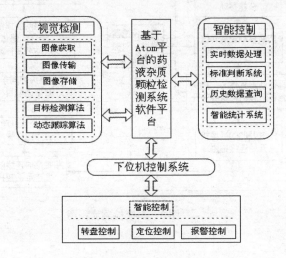

图4 软件架构图

输液药瓶旋转停止后,其中的可见异物依靠惯性继续运动。光线透过输液瓶,将可见异物折射至相机的感光区域。理想状态下,在连续采集的图像中处于运动状态的物体应该是可见异物。但由于杂质颗粒很小,呈现在图像中只有几个或十几个像素,所以获取的单帧图像中异物缺乏结构信息和明显特征。仅从灰度角度来看,很难将其与光源产生的噪声或者瓶身浮雕的干扰区分开来,因此检测可见异物的过程转换为运动小目标的检测问题。

传统的空域检测方法首先对图像滤波,然而由于可见异物体积微小,在单帧图像上无明显特征与噪声明显区分开来,目前存在的各种滤波方法在滤除噪声的同时,也必会对可见异物的成像图形有所损坏,甚至可能完全滤除。通过观察灯检工人的检测动作流程和细节,本作品采用了一种先跟踪后检测的方法来检测杂质。

作品中对异物的检测处理流程如图5所示。

图5 算法示意图

1. 图像预处理

图像预处理的主要目的是滤除图像中的各类噪声，提高图像的信噪比。本系统采用中值滤波器，对图像进行预处理，以保证在滤除成像噪声的同时保留检测目标。

中值滤波是一种非线性数字滤波器技术，其设计思想是检查输入信号中的采样并判断它是否代表了信号。它的主要方法是通过采用一个含有奇数个点的滑动窗口，用窗口中各点灰度值的中值来替代窗口中心点的灰度值。对于奇数个元素，中值是指按大小排序后，中间的数值；对于偶数个元素，中值是指按大小排序后，中间两个数值的平均值。

2. 运动目标提取

运动目标提取的目的是将运动杂质从背景中区分开，其实质是小目标检测的过程，小目标检测的难点主要包括：

（1）目标图像无形状、尺寸和纹理信息，可供处理算法利用的信息量小；

（2）目标易被噪声淹没，单帧处理不能保证对目标的可靠检测；

（3）实时性要求高，对算法的运算速度有较高要求。

尽管如此，仍有两个重要的信息可作为检测小目标的必要条件：目标的灰度与背景有一定的差异，目标运动轨迹有连续性。

本作品的目标提取算法的基础是连续帧间差分法。帧间差分法是一种基于像素的运动检测方法，通对视频图像序列中相邻的两个或三个图像进行差分运算来获取运动物体轮廓。该方法对于动态环境有很好的适应性，但在检测结果中，不能完全提取出所有属于运动对象的特征像素点，对下一步分割运动对象造成不便。

对此，我们提出改进的二次差分算法来进行目标提取，即通过运动差分提取运动信息。二次差分图像包含了当前帧（t 帧）的运动物体和之前两帧（t-2 帧）的运动物体，去除与后两帧（t+2 帧）的二次差分图像的交集可以提取到 t+2 帧图像的运动信息。其具体流程如图 6 所示，该算法中，检测噪声比较低，可以减轻后期处理的负担。

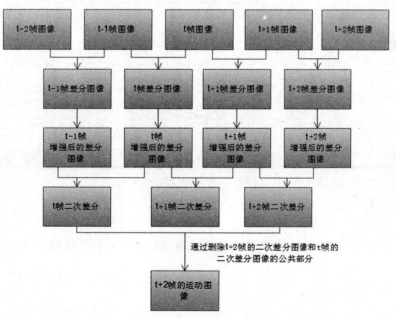

图 6　改进的二次差分算法流程图

3. 运动目标分割

运动目标分割主要是对灰度图进行二值化，并对二值化后的图像进行滤波，从而把运动物体的前景和背景区分开。

二值化中最重要的就是寻找阈值，即区分灰度图中前景还是背景的中间点。本系统采用基于图像背景区域的均方差值阈值预估算法来进行灰度图二值化，阈值的选取可通过计算当前图像背景区域的均方差值 δ 来实时估计，这样的阈值能很好地适应环境的变化，鲁棒性较好。

完成二值化后，还需要对其中的图像信息进行提取，统计处图像中含有的连通区域的大小、连通区域的重心和连通区域的轮廓等具体的区域信息，并将这些信息进行存储，等到名目标跟踪算法完成后再明确区分这些连通区域是杂质还是气泡。

作品中采用的提取算法是基于行程编码的标记算法。行程是指扫描一行的连通区域，每一个行程都有一个编号，编号不同就代表不同的区域。当扫描下一行时，不仅要计算出这一行的行程编号，还需要判断与上一行行程是否有相连通的部分。如果连通，则要在一个内存区域记录这个信息，也就是这两个行程其实是一个连通区域。

4. 运动目标跟踪

运动目标跟踪是为了更好地区分杂质种类和分析杂质信息。本作品中的杂质目标没有特定的颜色、纹理等信息，一般的跟踪算法容易出现跟丢或跟不上的情况。为此本系统采用了基于 SIFT（scale invariant feature transform）特征的 MeanShift 跟踪算法。SIFT 算子是一种基于尺度空间，对图像缩放、旋转甚至仿射变换保持不变性的图像局部特征描述算子，利用尺度不变特征变换得出来的关键点不会随着图像缩放、旋转甚至仿射变换发生变化，从而能很好地实现对杂质的跟踪。

该算法首先把目标分成多个区域，对每个区域利用 MeanShift 算法进行跟踪；然后利用 SIFT 特征剔除那些匹配的关键点数目少的子区域；最后，利用匹配关键点数目多的区域得到目标的位置。采用该算法的跟踪效果图如下所示。

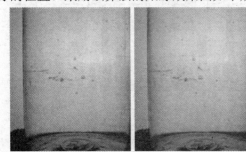

图 7　连续4帧跟踪效果图

5. 杂质信息分析

杂质信息的主要功能就是对跟踪的结果进行统计和分析，通过辨别目标的运动轨迹来对杂质和气泡进行区分，并且通过分析杂质的长宽信息对颗粒和条状物体进行区分。

4 系统功能测试

4.1 测试内容

首先对系统的主要功能模块进行测试，并测试典型颗粒识别效果、颗粒定量分析性能和颗粒实时跟踪效果。

测试内容包含：

通过人为调整颗粒个数，来检测系统对颗粒个数检测的精确度；

把显微测量面积后的颗粒放入药瓶内，检测系统对颗粒面积和直径的检测效果；

通过逐帧对比的方式，测试系统对颗粒实时跟踪的效果；

应用欧洲药典和美国 FDA 所承认的 Knapp-Kushner 测试程序来评估我们团队设计的可见异物检测系统和检测算法的检测效能。

4.2 测试实验

4.2.1 测试环境

在以下实验中，分别以 0.9％氯化钠溶液和 10％葡萄糖溶液为对象，系统可以在 0.05s 的时间内，检测并计算出异物的数量和大小。

4.2.2 测试一：测试橡胶屑

我们先检测瓶液中杂质干扰数（没有干扰杂质），然后依次分别往里加 5、10、15 根碎屑杂质，每种情况测 100 组数据并统计出误差值。实验数据见表2。

表2 橡胶屑测试结果

实测数量	1	2	3	4	5	6	7	8	9	10	…	误差统计
5 颗	4	6	4	5	6	5	6	4	6	…		3.5%
10 颗	9	7	10	9	9	11	8	9	10	10	…	4.0%
15 颗	13	10	12	13	12	12	11	14	13	12	…	6.7%
备注	碎屑直径范围：0.10~0.30mm											

采用的误差计算公式：误差率=误检杂质数/杂质总数。

4.2.3 测试二：批量性实际检查，考察人机对比

对葡萄糖药液（10%）进行批量性实际检查，以考察人机对比，该试验共进行 4 天，测试结果见表3。

表3 批量检测结果

检测日期	灵敏度	总检瓶数	机检合格瓶数	人工复查不合格数	机检含废率
6月20日	12	100	97	3	0.039
6月22日	12	100	86	2	0.023
6月23日	12	100	70	1	0.014
6月25日	12	100	78	1	0.013

4.3 测试结果分析

4.3.1 误差分析

从实验数据中，我们发现，随着样品杂质个数的增加，系统检测的误差也随之增加。通过反复实验与实际观察，找到了其中比较关键的影响因素：

(1) 橡胶屑杂质的质量比较大，当目标瓶高速旋转后，它们很容易在瓶底聚集。当杂质数量比较多时，这种现象尤为明显；

(2) 毛发杂质数比较多时，也会出现聚集交错的现象，增加了系统的误差；

(3) 目标瓶底的采光情况比较复杂，容易隐藏低速运动的杂质目标，给系统检测带来了一定的误差。

4.3.2 优化措施

从一系列的实验检测与结果分析中，总结了误差影响比较大的因素，从而为系统的进一步完善与优化提供了依据和数据。进一步优化的措施有：

(1) 改进光照与采光系统，提高瓶底杂质的检测率；

(2) 加快转轮旋转速度，将重量大的杂质充分旋转起来以便于检测；

(3) 调整工业相机的曝光时间，增大采样帧率，以提高高速旋转杂质的检测率；

(4) 优化软件与算法，提高系统检测效率。

由实验的数据可知，本系统检测杂质颗粒个数的准确度还是比较高的。系统不仅可以较准确地数出杂质的个数，而且对头发碎屑大小的杂质也比较敏感。实验数据也验证了系统的检测率能达90%以上，可以满足多数工厂检测的需要。

（指导教师：许雪梅　参赛学校：中南大学）

评审意见：作品充分利用了嵌入式开发平台，设计了机械传动模块、电气控制模块及图像处理与识别模块。利用基于视觉的 SIFT 特征并 MeanShift 算法检测药物杂质并判别产品质量是否合格。实验表明该系统准确率达90%以上，具有很好的实用价值和市场前景。

基于 LED 的室内照明及综合信息发布系统
An Illuminating and Multimedia Information Broadcasting System Based on LED

张敏林　万阳沙　杨　晶

摘要：当今社会越来越多地重视基于无线网络的多媒体信息的共享和应用。可见光通信技术是一种新兴的无线通信技术，它拥有高速、绿色环保等显著特点。本系统利用可见光通信技术将照明系统和多媒体广播系统结合起来，通过照明光完成 2.5Mbps 高速数据传输。系统可以同时完成两路视频、两路音频和一路文字信息的广播，通信质量较好，视频播放流畅，能保持长时间持续工作，稳定性强。嵌入式开发板在系统中既可以作为发送端广播信息，又可以作为接收终端点播视频、音频和文字节目。作为可见光通信的一个新产品，具有很强的实用性和推广性。

关键词：LED，可见光通信，点播系统

Abstract: The modern society features the sharing of multimedia information based on the wireless network. VLC (Visible Light Communication) based on LED application is a newly developing technology used in the wireless network. It has advantages of high speed and human friendly. Using VLC, we provide an illuminating and multimedia information broadcasting system based on LED which combines the illuminating system and the media broadcasting system. It is able to send two channels of video programs, two channels of music program and some other text messages simultaneously. It works perfectly and the video plays fluently. Also, the system can keep working for a long time and stay in stability. In this system, our device can be used as either a transmitter to broadcast information or a receiver to play multimedia programs. As a new product based on VLC, Illuminating and multimedia information broadcasting system based on LED is of much utilization and marketability.

Keywords: LED, Visible light communication, VOD

1　系统方案

可见光通信技术（Visible Light Communication，简称 VLC）是一项新兴通信技术。它利用发光器件对信号进行调制，产生高频光载波信号，然后在空间中进行自由传播。最后通过基于光敏器件的接收转置，将光电转换还原成发送的信号，从而实现信息的传递。VLC 技术具有高速、高效、安全、保密等一系列特点。

基于可见光通信技术，我们设计基于 LED 的室内照明及综合信息发布系统，以实现室内广播功能。该系统分为发射端和接收端两个部分，如图 1 所示。发射端把所需要传输的视频、

音频、文字信息编码，通过 OOK 方式调制到照明用的 LED 上，然后通过可见光以广播的形式发送，接收端通过光接收装置接收并解调，然后在客户端上通过频道选择获取所需的视频、音频及文字资料。基于 LED 的室内照明及综合信息发布系统在继承可见光通信绿色、环保、高速、便捷特色的同时，把系统应用为广播系统，既考虑了嵌入式系统的功能性，又保持了极高的应用性。

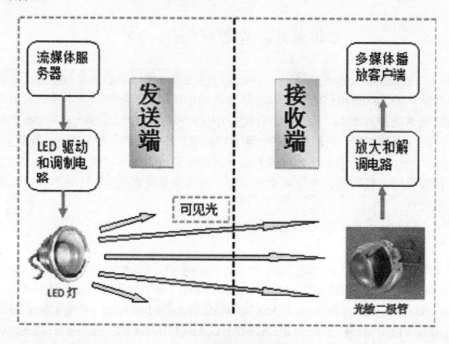

图 1　收发系统框图

本系统最终成功实现了五个频道的广播，分别为视频、摄像头监控信息、音乐、网络电台以及滚动式的文字信息。工作速率可达 3Mbps，工作距离达到 6m。

2　系统实现

2.1　模拟电路设计

2.1.1　发射端模拟电路设计

发射端模拟电路包含一组电平转换电路和大功率白光 LED 的驱动电路。如图 2 所示。

电平转换电路用专用芯片实现信号在 TTL 电平和 RS-485 电平之间的相互转换。通过 RS-485 电平信号，可以实现比 TTL 电平信号更远距离的传输，从而实现信号和 LED 驱动电路之间远距离的连接，方便架设和应用的目的。

大功率白光 LED 的驱动电路主要由 MOS Driver MAX5055、N 沟道场效应管 P3055 和 3 个 5W 串联 LED 灯构成。信号输入通过 MOS Driver MAX5055 进行缓冲，增强驱动能力，驱动 MOS 开关管 P3055 工作在开关状态，从而控制通过 LED 的电流的通断，完成 OOK 方式的可见光调制。P3055 之前的部分电路由嵌入式平台 USB 供电，而后面电路（LED）则通过 20V 的外部电源供电，来实现照明的效果。

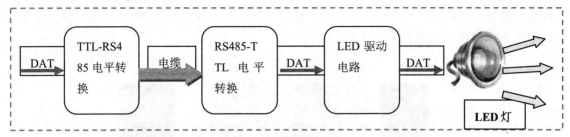

图 2　发射端模拟电路

2.1.2 接收端模拟电路设计

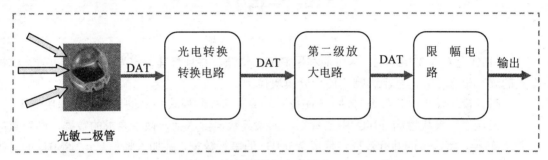

图 3　接收端模拟电路设计

接收端模拟电路包括光电转换电路，第二级放大电路，以及限幅电路。

光电转换电路选用日本滨松公司的光敏二极管 S6968 作为光接收装置。使之工作在反偏压状态进行光电转换。其工作频率可达到 50MHz，可以达到系统 5Mbps 的传输速率要求。而光电转换的主体放大电路由 LT6200 运算放大器和 N 沟道 JFET 场效应管构成。LT6200 工作在单电源供电状态，用 JFET 场效应管 BF862 协同工作，完成 I-U 转换。

第二级放大电路是一个简单的正向放大电路，选用单电源供电的运算符放大器 LT6200 实现。

2.2 数字电路设计

发送端和接收端的数字电路部分设计基本相同，主要由 USB 接口芯片和 FPGA 实现。对于发送端，嵌入式开发板（或者 PC）的数据在 FPGA 的控制下经过 USB 芯片从 USB 端口读取，然后经过 FPGA 完成底层的帧结构定义和信道编码后送入发送端 LED 驱动电路控制 LED 灯；在接收端，光接收相关模块经过 A/D 变换后的信号数据（8 位）送入 FPGA，经过时钟提取（位同步）、解码以及帧同步后提取原始数据，再将数据传送给作为接收终端的 PC(或者嵌入式开发板)。这一部分通过 VHDL 语言编程实现。

2.2.1 发射端数字电路设计

通过 USB 将数据读取到 FPGA 的 FIFO 中后,发射端 FIFO 中的数据加上帧信息形成一帧帧的数据包,然后经过信道编码(采用了曼彻斯特编码)后作为 LED 灯的控制信号来驱动 LED 灯发送数据,如图 4 所示。

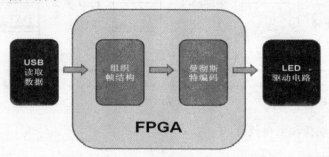

图 4 发射端组成

FIFO 定义为 32kBytes,尽可能利用 FPGA 资源,并且将其设定为异步工作方式,这样对其的读写相互独立,互不影响,便于分模块控制。

时钟模块输出串行数据时钟(5MHz),供发送控制模块和曼彻斯特编码模块使用。

发送控制模块检测 FIFO 中的数据,如果其数据量达到一帧中要求的数据,则对数据做并-串转换,将 8 位的并行数据转换成 2.5MHz 的串行数据,并加入帧信息。2.5MHz 的时钟由输入的 5MHz 时钟分频得到。

曼彻斯特编码模块将输入的 2.5MHz 原始数据变换为 5MHz 曼彻斯特编码数据,以驱动后级的 LED 电路。引入曼彻斯特编码基于两点考虑:首先,它具有丰富的跳沿信息,便于在接收端进行时钟提取;另外,曼彻斯特编码使得处理后的信号中的'0'和'1'均匀,即是高低电平平衡,这样就克服了信号控制照明产生的闪烁感。

2.2.2 接收端数字电路设计:

对模拟电路采集的信号以调制速率(5MHz)的 8 倍速对 A/D 进行采样。由于原始数据可能由于信道干扰和接收端电路干扰带来的毛刺,故先做平滑滤波。处理之后的信号经过时钟提取和曼彻斯特解码,最后通过帧有效状态的判别来进行有效数据的筛选。

以下为帧同步方式。

首先定义了四个状态:失同步状态、同步校验状态、同步状态和同步保护状态。同步校验状态是从失同步状态到同步状态的过渡态:只有连续检测到正确帧头,才可认为从失同步状态进入了同步状态;而同步保护状态则是从同步状态到失同步状态的过渡态:只有连续不能检测到帧头,才认为从同步状态进入了失同步状态。

经过这样的处理,一方面减小了伪同步发生的情况,另一方面降低了因为帧头出现误码而产生丢帧的可能性。

接收端组成如图 5 所示。

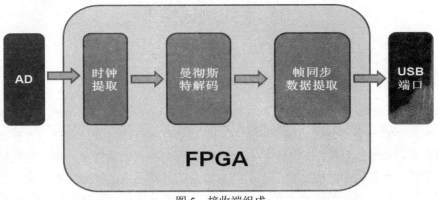

图 5 接收端组成

2.3 软件部分设计

2.3.1 功能

利用 Qt 编程实现了发射控制台和接收端播放器，利用发射控制台可以对发送的多媒体信息进行简单实用的操作和选择，而在终端利用接收端播放器则能够对多个频道的多媒体信息进行选择性的观看。

2.3.2 实现

软件部分主要由三个进程组成，包括人机界面进程、VLC 进程和 USB 驱动及通信数据链路处理进程。人机界面进程完成与用户的交互，并且控制 VLC 进程和 USB 驱动及通信数据链路处理进程的运行；VLC 进程是由人机界面进程调用的 VLC 多媒体播放器进程，完成流媒体的广播服务和流媒体的播放；USB 驱动及通信数据链路处理进程完成与硬件电路板的通信，并完成数据包的同步、分割、识别等等工作，把不同节目的数据包对应到本地网络不同的 UDP 端口，通过本地网络与 VLC 进程完成通信。软件部分的结构框图如图 6 所示。

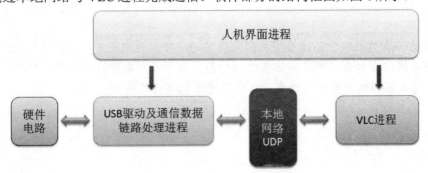

图 6 软件部分的结构框图

3 系统测试结果

3.1 通信层测试

误码率测试：通过长时间的测试数据看出，工作距离 3.2m 时，系统的丢包率在 10^{-5} 数量级，误码率在 10^{-6} 数量级，可以满足实时视频广播通信的要求。通过对比白天和晚上，验证日常的自然光对通信质量的影响不大。对比接收端固定和晃动的情况，可以发现接收端的晃动会引起丢包率和误码率的提高但是不引起量级变化，对系统的性能影响不大。工作距离变大时，会引起丢包率和误码率的上升，一般的室内照明系统从光源到终端的距离不超过 5m，系统最终工作在 5m 之内时，误码率和丢包率都可以保持在比较低的水平。

通信速率测试：最高通信速率可以达到 2.48Mbps，满足系统设计指标。

3.2 软件层测试

稳定性测试：长时间工作能够保持稳定。用手或其他物体遮挡住光通路时，接收端停止播放视频（音频），在移除遮挡后 1~2s 内，视频（音频）可以继续正常播放；如此反复测试 20 次以上，系统均工作正常。

服务质量测试：接收端播放第一频道时，视频清晰度比较高（640*360），播放流畅（23.97 帧/s），画质比较好，极少出现局部马赛克现象。接收端播放音频频道时，音质比较好，系统广播服务质量比较好。

3.3 资源利用率测试

在最大业务条件下测得平均 CPU 占有率为 48.1%，内存使用量为 473.5MB，系统的 CPU 资源和内存资源的占有率比较高；其中对摄像头实时编码传送的进程占用资源最多。

（指导教师：吴建军　参赛院校：北京大学）

评审意见：该作品对于不适合实施射频通信的场所，利用可见光通信技术将照明系统和多媒体广播系统结合起来，通过用照光传输信息，选题具有实际应用价值。作品成功实现了本地视频、音频和网络电台转发功能，体现了可见光通信的特点。

基于手势识别的 3D 虚拟交互系统

The System for 3D Virtual Interaction Based on Gesture Recognition

王飞龙　孙晓龙　李泳明

摘要：3D 虚拟交互技术的广泛应用将极大改变人类未来的生活和工作方式。本作品基于 Intel® Atom™ 处理器，搭建了一个真实人与虚拟世界进行实时交互的浸入式环境。作品以自己开发的图像处理算法为核心，实现基于肤色模糊识别和多智能体协作思想的图像分割算法，以及基于形状特征的手势识别算法。作品使用 AVR 单片机作为协处理器控制摄像头实时跟踪手的移动，实现立体定位算法，作品中选用 3DS Max 辅助建模的方法，可以实现手的骨骼模型这样复杂物体模型的建立，同时采用 DirectSound 产生环境的声音，提高虚拟交互的真实性。

关键词：图像处理，手势识别，虚拟交互，3D 编程

Abstract: The widespread application of 3D virtual interaction will significant change the way people live and work in future. This work is based on Intel® Atom™ processor，and build a real-time interactive virtual immersion environment that can communicates with a real person. With our own image processing algorithms as the core, we implemented the fuzzy identification based on the image segmentation algorithm of color and multi-agent coordination system，and gesture recognition algorithm based on contour feature. At the same time, we use the AVR microcontroller as the co-processor to control the camera to track hand movement real time，and to achieve the function of three-dimensional positioning.. The system uses 3DS Max ancillary method to construct model for complex object such as the hand skeleton model. Meanwhile，we use the DirectSound to generate environmental sound to enhance the authenticity of the virtual interactions.

Keywords: image processing，gesture recognition，virtual interaction，3D programming

1　系统方案

1.1　系统硬件设计方案

硬件结构上，以基于 Intel® Atom™ 处理器的嵌入式平台作为整个系统的核心，通过 DVI 接口和音频芯片分别与显示器和音响连接，作为整个系统图像和声音的输出；通过 PCI 插槽与视频采集卡相连，采集三个角度摄像头的图像信息，经过图像处理和手势识别后作为交互的输入信息；通过 COM1 接口采用串口方式与 ATMega16 协处理器通信，用来控制摄像头实时动态跟踪手的运动。系统的硬件结构如图 1 所示。

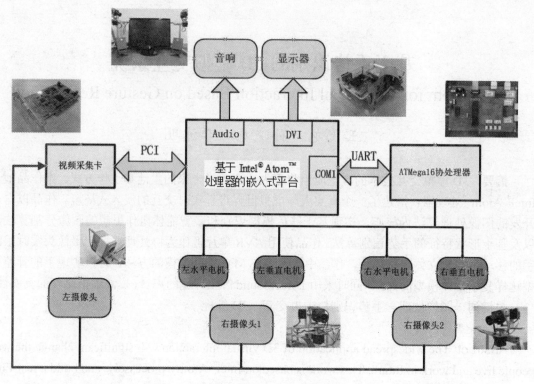

图 1　硬件系统结构图

1.2　系统软件设计方案

系统开始运行后，首先进入系统初始化阶段，进行窗体初始化、协处理器通信初始化、采集卡初始化、3D场景初始化。

初始化结束，进入消息循环阶段，处理窗体有关的消息。在大部分的循环空闲时间执行图像处理和3D显示的程序。

在图像处理部分，首先进行图像采集，之后对采集的图像进行分割，把图像中手的部分分离处理，确定其范围和中心点。左手的分割结果直接送到交互接口程序，判断视角的移动和旋转；右手的分割结果一部分计算距离偏差，交给协处理器进行跟踪的运动控制，并由协处理器计算并返回手的空间坐标值，交给交互接口程序处理；右手的分割结果另一部分送入手势识别程序，经过边缘提取、分类判别得到手势姿态，送入交互接口程序。

交互接口部分综合得到视角的移动和旋转值、手的移动和姿态值，交给3D场景更新部分。

3D场景更新部分根据交互接口的传递值和目前3D环境中的状态，计算下一时刻场景的状态和声音情况，并更新、输出下一时刻的3D场景和声音。

软件系统设计流程图如图2所示。

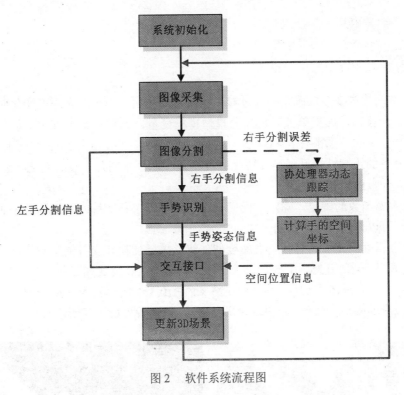

图 2 软件系统流程图

2 系统实现

2.1 图像采集模块

2.1.1 采集卡的开发

摄像头的好坏决定了图像采集的原始质量，采集卡则决定了图像采集的分辨率、传输的速度。我们选择了汉邦 HB17004TV 系列采集卡。该采集卡性能如下：

(1) 该采集卡总线接口为 PCI，支持 4 路视频输入；
(2) 视频的分辨率为 CIF（352*288）；
(3) 该采集卡提供 SDK 开发包，方便图像采集的开发。

2.1.2 颜色空间的选取

颜色空间是描述自然界色彩的模型表示，本系统在图像处理中用到了 YUV、RGB 和 HSV 三种颜色空间。

在本系统中，摄像头输出 PAL 模拟信号，经采集卡转换后得到的是 YUV422 格式的数字图像。显示图像用的是经过 YUV 格式转换的 RGB 格式的图像，肤色识别用的是经过 RGB 格式转换的 HSV 格式的图像。

2.2 图像分割模块

2.2.1 肤色模糊识别算法原理

(1) 颜色空间模糊变量的确定。经过对多次统计的分析,当环境光强度变化时,*RGB* 空间各分量的分布会移动,如果单独对每个分量做模糊变量,判断结果不准确。但分析发现这些直方图里三个分量的关系都有 $R>G$, $R>B$,因此以 R/G,R/B 定义 *RGB* 空间上的模糊变量。*HSV* 空间各分量的正交性很好,当环境光强度变化时,分布图几乎没有变化,因此以 *HSV* 空间的每个独立分量做模糊变量。

(2) 肤色隶属函数的确定。确定了模糊变量,还要确定各变量的隶属函数,对统计的直方图进行观察,可以采用梯形函数对其进行拟合。

(3) 肤色隶属度的计算。对肤色隶属度的计算,采用加权和交并的运算。H、S、V、R/G、R/B 的权值分配为{0.5,0.25,0.25,0.5,0.5}。隶属度计算公式如下:

$$\mu=(0.5\times H+0.25\times S+0.25\times V)\cap(0.5\times R/G+0.5\times R/B)$$

当 μ 大于隶属度的阈值,该像素点即判断为肤色。分割效果如图 3 所示。

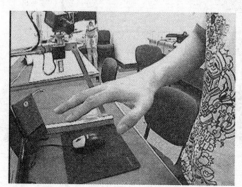

图 3　原始图像与肤色模糊分割后图像

2.2.2 基于多智能体协作思想的分割算法原理

本模块需要在复杂的背景中提取出手的区域,对复杂的干扰点进行分析和排除,这个任务当用人去完成时可以很轻松地区分干扰点,可如何让程序也能像人一样轻松完成这个任务呢,也就是如何让程序模拟人的思考方式呢。基于这个问题,我们想到了多机器人在复杂环境中协同完成任务的方法,这个方法是否可以用到图像处理中呢?因此,我们提出了基于多智能体协作思想的分割算法,使问题的思路和算法都得以简化。

我们没有把图像看作一个整体,而是作为一个复杂的"环境",在这个"环境"里,每一个像素点都是一个独立的"智能体",这个"智能体"具有它独立的属性、"对话"和"行动"的能力,这样的一群"智能体"在这个复杂的"环境"中互相交流,去共同完成图像分割的任务,也就是找到其中符合规则协议的子群体,这个子群体就是最终分割的结果,见图 4。

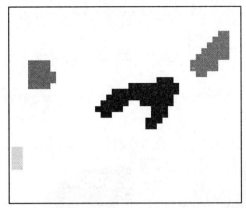 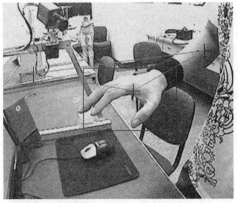

图 4 区域规则约束与边缘规则约束

2.3 协处理器动态跟踪模块

动态跟踪人手，使手一直处于摄像头图像的中心，可以对手的三维空间坐标进行定位。算法的原理如图 5 所示。

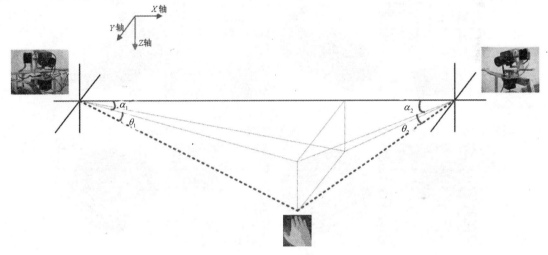

图 5 立体定位算法原理

该算法实现需要知道摄像头旋转的四个角度值，即左水平转角 α_1，左垂直转角 θ_1，右水平转角 α_2，右垂直转角 θ_2，并且还已知两摄像头之间的水平距离为 700mm。手的空间坐标可由如下算式得到：

$$x = \frac{1}{2} \times (\frac{700 \times \tan\alpha_2}{\tan\alpha_1 + \tan\alpha_2} + \frac{700 \times \tan\theta_2}{\tan\theta_1 + \tan\theta_2})$$

$$y = \frac{700 \times \tan\alpha_1 \times \tan\alpha_2}{\tan\alpha_1 + \tan\alpha_2}$$

$$z = \frac{700 \times \tan\theta_1 \times \tan\theta_2}{\tan\theta_1 + \tan\theta_2}$$

计算得到的 x，y，z 坐标是相对于左摄像头为原点的坐标值，单位为 mm，正方向与图中标注的方向相同。

2.4 手势识别模块

手在做动作时,手掌和手指的形状特征变化很明显,所以采用了基于形状特征的方法,识别手势动作。

本系统识别的动作有伸平向下、伸平侧向、握紧的动作,用来完成拍球、推动物体和抓取物体。

伸平向下的动作如图6所示。区域的长宽比系数增大,有明显的向下的缺陷区。

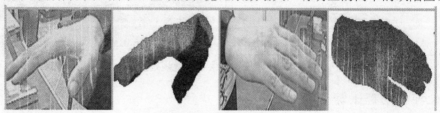

图6 伸平向下的动作

伸平侧向的动作如图7所示。区域的长宽比系数增大,有明显的向上的缺陷区。

图7 伸平侧向的动作

握紧的动作如图8所示。区域的长宽比系数减小,无明显缺陷区。

图8 握紧的动作

2.5 3D虚拟场景模块

对于复杂物体的建模,我们用三维建模软件3DS Max进行初期的模型制作和材质编辑,并给定模型在其局部坐标系中的位置。模型建立完成后,通过.x文件的插件导出相应的.x文件,在程序中导入.x文件,对其内部数据进行解析,变成顶点和面片数据。

(1) 3DS Max建模。3DS Max是一款用来三维建模的高级软件工具,用可视化的界面和各种高效的编辑工具完成模型的建立。也可实现材质编辑,灯光、阴影等的渲染效果和动画制作。在本项目中,需要借助3DS Max强大的建模功能和材质编辑功能,建立如房子、桌子、球、茶壶等物体的网格模型,还要建立手的骨骼和蒙皮网格。

(2) 导入.x文件。3DS Max模型的文件格式不能直接导入Direct3D中,需转换成DirectX支持的.x文件格式。我们采用3DS Max插件PandaDirectXMaxExporter4.9把.max文件导出.X文件。

对.x 文件内容的解析，我们定义了 XParser 类，并定义了每个物体的 MeshContainer，可以导入普通的网格模型和骨骼蒙皮模型。对.x 文件的读取可以获取顶点、索引和材质贴图等数据信息，并把这些数据导入 MeshContainer 中。

3D 虚拟交互环境如图 9 所示。

图 9 3D 虚拟交互环境

3 系统测试

3.1 视角控制测试

对于视角控制，我们测试了停止、前进、后退、左转、右转五个动作。测试结果见表 1。

表 1 各动作识别的成功率测试

动　作	识别成功率	动　作	识别成功率
快速右转	90%	快速后退	80%
慢速右转	80%	慢速后退	80%
停止转动	75%	停止移动	70%
慢速左转	85%	慢速前进	85%
快速左转	90%	快速前进	95%

3.2 虚拟手位置控制测试

对于虚拟手位置控制，我们测试了上移、下移、左移、右移四个位置。测试结果见表 2。

表 2 控制移动动作识别的成功率测试

动　作	识别成功率	动　作	识别成功率
左移	95%	左上移	87%
右移	97%	左下移	84%
上移	95%	右上移	80%
下移	96%	右下移	82%

3.3 虚拟手动作控制测试

对虚拟手动作控制的测试，我们测试了伸直侧向、握紧两个动作。测试结果见表 3。

表3　手势识别的成功率测试

手　势	识别成功率	手　势	识别成功率
伸直侧向	70%	握拳	80%

（指导教师：王粉花　参赛院校：北京科技大学）

评审意见：作品使用三个摄像头，左手对应一个摄像头控制虚拟场景中的运动，右手对应两个摄像头控制手形识别，将左右手信息结合到虚拟场景中，进行抓住物品等操作。作品硬件设计稳定性好，三维交互实时性强，展示效果良好。

Navigation Device for Freight Containers Using RF Communications

Muhammet ERKOÇ, Muhammet Alican Güncan, Ali Yavuz Kahveci

Abstract: Navigation device for freight containers is used to locate specific containers without prior information via their IDs. In this project, RSSI (received signal strength indicator) technique with RF technology is used. This is a distributed embedded solution with hand-held devices and nodes. Nodes are placed on the containers and the hand-held device is used to get the signal from these nodes, locate their positions, and give the results to the LCD screen on the device and navigate user to containers. Since the target customers are the companies dealing with maritime transportation and their containers are stored at very large areas like ports, we needed transceivers with strong signal strength and high frequencies. Hence, we used AeroComm AC4424 transceivers with 2.4GHz communication speed. The software of this embedded system is developed using C# programming language on the EMB-4650 board. The transceiver in the hand-held device sends signal to the node that the user is willing to locate. Then, the transceiver in the node sends back the signal strength value that it gets from the incoming signal to the hand-held device. With this information the distance of the node is calculated. Additionally, the direction which the strongest signal comes from is considered as the direction of the node.

Keywords: RSSI (Received signal strength indicator), RF, Hand-held device

1 Introduction

1.1 Problem Definition

Maritime transportation has developed as trading between countries increased. As the demand on maritime transportation increases the ports are getting larger and larger. Therefore, finding a container in the port sometimes takes a lot of time. This situation leads to significant increase in the cost. We talked with Mehmet Haci Ibrahim, Container Control Manager of CONTAZ (a containership company)[1] and took all the information about ports, containers and containerships. Then we decided to design an embedded system in order to solve that problem.

1.2 Alternative Solutions for the Problem

The current solution to the problem is a system that keeps track of all the containers that enter the port and storing the locations of the containers in a database. However, this solution is not fault tolerant. If the location of a container is not entered to the system correctly, then we still cannot find the containers. In order this system to work correctly, placing containers and entering their locations must be done with no mistake. Since this system is used by people, odds of making mistakes are very high. Hence for the solution of this problem, a more fault tolerant system is necessary.

We propose an embedded solution for finding containers without any prior knowledge about their locations. Therefore we decided to use wireless communications in order to realize our design. With this solution, the location of a container can be found without a priori knowledge about the location of the container. This means that even if a container is not placed to the location that it should be it can be found without any difficulty. This is the most advantageous side of our solution compared to the current solution of the problem. Our solution is fault tolerant solution. In our solution, all that is needed to be done to find a container is to select the ID of the container. Then information about how to find a container is displayed on the screen. Moreover the usage of our system is very easy.

As the wireless communication technology, we considered three options: GPS, RFID and RF. Using GPS to find the location of a container gives a more accurate result than the others. However cost of GPS modules are very high and the cost of our system is one of the most important constraints for our design. That's why we dismissed this option. As a second alternative, we considered putting some RFID tags onto containers and trying to find the containers by designing special RFID readers. However communication range of RFID is at most 100 meters and this is not enough to cover a port. Besides the price of RFID readers with 100 meters range is about $400. That's why we also discarded this option. As the final one, we considered using RF transceivers to find a container by putting RF transceiver modules onto containers that will communicate with another module which will serve as a navigation device. Using RF transceivers has two advantages. At first, it is a low cost solution. For example, a GPS module is approximately $25 whereas a 2.4 GHz RF transceiver is about $2. Secondly, RF transceivers have a communication range up to 3000 meters which is enough to cover a port. GPS modules can also cover a port; however because of their high cost relative to RF transceivers, it is better to use RF transceivers.

For our embedded system, we considered two different options. At first, we considered placing RF transceivers on containers and some constant stations that also have RF transceivers at known places of the ports and these stations will be connected to a central control mechanism. According to this design, transceivers on the stations will communicate with the transceivers on the containers and they will send the information about the locations of the containers to the central control station. By this way the location of a container can be found. However the locations of containers are not predefined. In other words the location of a container is not defined before it arrives to the ports. So placing constant stations to the ports is not so feasible because containers might be placed at some locations that are outside the range of the stations. This situation might lead to redundant stations. Another problem with this structure is that, containership companies do not necessarily own ports at every point they are trading. Sometimes these companies rent some places at ports. With this structure mentioned above, both the port and containership company must have the system, if the containership company wants to use this system. The representative figure of this system is shown Figure 1.

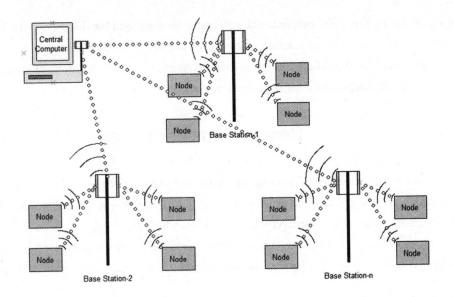

Fig.1　Proposed System Solution with Base Station

　　Then we decided to design a module that makes all the work that the stations and control center that are in the first structure option does by itself. Hence we decided to design a hand-held device that has a transceiver and communicates with transceivers on the containers and make all the calculations by itself to find the locations of the containers. And this hand-held device will have an LCD screen to give necessary information to the user. This system does not necessitate any infrastructure to be established. If containership companies have this system, they can use it in any port. Figure 2 shows our embedded system working principle.

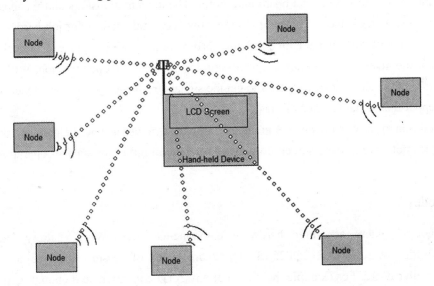

Fig.2　Proposed System Solution with Hand-held Device

　　In order to calculate the distance and direction of a container we used the RSSI (Received Signal Strength Indicator) approach. RSSI is the transceiver's output that indicates the strength of the received signal. Using this RSSI output we calculate the direction and the distance of the containers. As a result, our system basically consists of two sub-systems: a hand-held device and nodes to be placed on containers. Hand-held device and nodes communicate and instructions to lead the user to the selected container are given by the hand-held device.

2 Design Considerations

In our system there are two different hardware parts: hand-held device and nodes that placed on the containers. This system's communication speed is 2.4GHz with wireless technology. In both of the hardware parts, there is a transceiver which transmits and receives signals. In hand-held device, we also used AeroComm development kit since the Intel® Atom™ processor based board does not have enough general purpose I/O pins that we need to connect the transceiver appropriately.

2.1 Hand-held Device

In addition to RF module, there is an LCD in hand-held device. It is a must for our system since the instructions that are needed to be entered by the user. The result that directs the user to the node that he is looking for is also displayed on the LCD. Since we use LCD in the system, there is a need to connect it to the board. Since the interfaces of LCD and Intel board did not meet, we had to make a cable with two connectors. First connector is for Intel board and its size is 2x15. The second one is for LCD and its size is 1x30. The company that produced the cable we designed is TTAF.

Moreover, in the hand-held device there is a 6-lead stepper motor and ULN2003A integrated circuit which is connected to Intel board and motor. The antenna transmits and receives the signals from every direction to find the place of a node. However, this makes our job harder since we are looking for only one container at a time and only its direction. So we have placed a metal plate behind the antenna and maximized the signal transmission and reception in one direction. With this design, we have to turn the antenna around itself to get the signals from every direction. Hence, we added a 6-lead stepper motor that handles this task.

In addition to above hardware components, we have a mouse in hand-held device since the LCD we use does not have a touch screen property. To select an option or start an operation we need a mouse.

2.2 Nodes

In nodes, there are three hardware components: transceiver, battery and Freescale microcontroller board MC9S12DP256B. There are a lot of reasons that we use Freescale's microcontroller board. For example there are not any ATD converters and enough general purpose I/O's in Intel's board. In addition, there is not a flash memory so we have to set up an operating system and work on it. Also, we had this microcontroller board in hand and we did not want to increase the cost. Obviously, there might be more cost-efficient solutions. At first, to connect microcontroller board and the transceiver we used a PCB but it did not work since there is a lot of noise in the system and it disrupted the signal transmission and reception. Hence, we directly connected the pins of microcontroller board and transceiver via soldering technique.

3　System Modules and Communication

The communication is done via RF technique. In this project we used the transceiver operating at 2.4GHz frequency since we had AeroComm transceivers in hand and also its signal strength is very high. In general, nodes in the container area waits in the receive mode. Once the transceiver in the node receives the signal from the transceiver in hand-held device, it sends back the RSSI (Received Signal Strength Indicator) received from hand-held device. In the meantime, the 6-lead stepper motor turns the platform consisting of antenna and plate at a constant rate. When the user wants to find where the container is, it enters to the system its containers id. After that, if the transceiver in the hand-held device receives a signal coming from that node with the RSSI information, the microcontroller in the board calculates the distance and the direction of the container from the signal strength and the instance when the antenna gets this signal at a maximum level.

Thus, to make the system work, we need some modules that handle different jobs. Mainly, there are five different modules. First one is the module that functions on node's microcontroller board. It makes the transceiver works in a receiver mode. The second module is the module that makes sure the motor turns at a constant rate. Besides, there is another module that sends the signal to the transceiver whichever is requested from the user. Moreover, there is a module that receives the signal with the RSSI info from the node's transceiver. When the transceiver receives the right signal, the system jumps to a module that calculates the node's distance and direction according to the hand-held device. The calculation of distance information is handled via RSSI (Received Signal Strength Indicator) output of the transceiver since the signal strength decreases linearly proportional to the distance it travels. And the direction of the node is decided as position of the antenna when it receives the right signal at a maximum level. When calculations are done, system should give an output that guides the user to find the right container. So, we designed a GUI module that shows the distance and the direction according to the hand-held device in a representative way.

Basically, to keep the system working as long as the battery level permits, all the modules are written or called in a loop which never terminates.

4　Implementation

4.1　Hardware

In this project, we have two separate embedded systems; handheld device and nodes. Handheld device has eight components. On the other hand, a node has five components. These components and their usage in the entire system is shown in Table 1 and Table 2. The schematic diagrams of the handheld device and a typical node are given in Figure 3 and Figure 4.

Table 1 Components in the Hand-held Device

Component	Usage
Intel EMB-4650 board	Controls the operations of the hand-held device
CLAA102NA0ACW10.2 inch LCD	Displays the instructions for the user
ULN2003A integrated circuit	Controls the motor's move
6-lead stepper motor	Turns the platform with antenna
AeroComm Platform+ Antenna	Sends and receives signals at 2.4GHz frequency
Mouse	Controls and manipulates the possible options for software
12V battery	Gives power to the Intel board for operation
1GB harddisk	Stores the OS and other files for Intel board

Table 2 Components in the Node

Component	Usage
MC9S12DP256B Freescale board	Controls the operations of the node
AC4424 transceiver	Sends and receives signals at 2.4GHz frequency
Antenna	Maximizes the signal transmission and reception
LM2940 Dropout Regulator	Supplies power to the transceiver
6V Battery	Gives power to the Intel board for operation

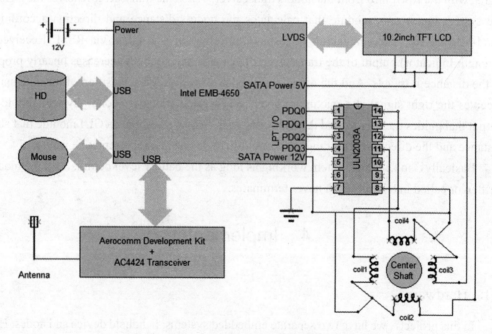

Fig.3 Schematic Diagram of Hand-held Device

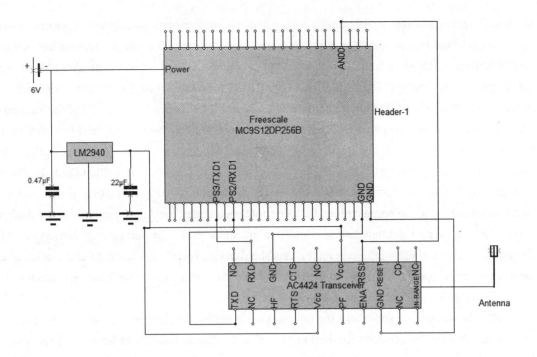

Fig.4 Schematic Diagram of Node

4.2 Sofware

Our system is basically composed of two main sub-systems: hand-held device and nodes to be placed on freight containers. Through this document software of the system will be examined in two separate sections accordingly. For the implementation of the system C and C# programming languages are used. Microsoft Visual Studio 2008 Professional Edition and Freescale Codewarrior are used as development platforms.

4.2.1 Hand-held Device

Hand-held device is required to take the related information from the user, detect the location of the selected freight container and interact with the user to give necessary instructions to find the selected freight container. Moreover hand-held device will be able to draw a network topology which shows all the nodes in the range. These are the basic functions provided by the hand-held device. In the hand-held device Intel EMB-4650 board is used as the controller. Microsoft Windows XP Embedded is used as the operating system. Microsoft Visual Studio 2008 Professional Edition is used as the development platform for the software of the hand-held device. In the implementation of the hand-held device C# programming language is used. The functions provided by the hand-held device will be examined one by one.

1. Taking necessary information from the user

In our system a node containing a transceiver will be placed onto each and every freight container in the field. Each of these transceivers has a unique ID stored in its EEPROM. These ID's are default values provided by the AeroComm, vendor of the transceivers used in the system. In order to find the selected freight container user is required to provide the ID of the transceiver that is placed on that container. IDs of all containers that are in the system will be kept on the hand-held device and listed upon a user request. From this list, user can choose the ID of the selected container. For interactions, user will use the mouse connected to the hand-held device. Then, ID of the transceiver that is on the selected container will be sent to the transceiver connected to the hand-held device. For the communications between transceivers, Addressed Mode is used. In the Addressed Mode a transceiver can only communicate with the transceiver whose unique ID is written on its EEPROM. In order to change the destination address of the transceiver, commands that are provided by AeroComm are used. Communications between Intel board and the AeroComm SDK are done via USB interface. This communications are implemented in C# programming language. After destination address of the transceiver on the hand-held device is set, it is ready to communicate with the transceiver whose ID is written on the EEPROM of the transceiver of the hand-held device.

2. Finding the selected freight container

After the destination address of the transceiver on the hand-held device is set, user can initiate the finding process by pressing the button "Find" using the mouse. In order to find the selected container two kinds of information is needed. First one is the distance between hand-held device and the selected freight container. Second one is the direction of the selected container relative to the position of the hand-held device. In order to gather this required information, RSSI (Received Signal Strength Indicator) approach is used. Hand-held device sends a keyword to the transceiver of the selected freight container. After the transceiver of the container receives this keyword, it replies by sending the digitized value of the RSSI signal which is an analog output of the AeroComm transceiver. This analog signal is converted to a digital signal using the Analog to Digital Converter of the Freescale MC9S12DP256 microcontroller which is used as the controller of the nodes. This conversion will be examined in detail in the node section.

Antennas of the hand-held device are covered with a metal plate in order to limit the receiving range. Using a 6-lead stepper motor, the antenna is rotated around its center in order to gather the RSSI values measured from every direction. After the antenna completes its rotation, the direction in which the maximum RSSI value is read will be accepted as the direction of the container. And that RSSI value also will be used in order to calculate the distance between the hand-held device and the selected container. In order to make the distance calculation a look-up table will be used. Implementation is done with C# programming language.

In this system a 6-lead stepper motor is used. So the amount of rotation can be controlled because the angle of a step is known and the motor moves step by step at each pulse. Two of six leads of the motor are common leads and the rest four leads are connected to the LPT port of the Intel board. In order to regulate the pulse coming from the Intel board, ULN2003A integrated circuit is used. As it is stated above, after user presses the "find" button, stepper motor starts rotating and rotates for 360° to gather the RSSI values from different directions. The software for the integrated circuit ULN2003A is written in C# programming language.

3. Navigating the user

After the required information is gathered and the direction and distance calculations are done, this information is displayed on the screen to navigate the user. Distance and direction information will be recalculated every time user requests to update the information by pressing "Find" button. Then the updated values will be displayed on the screen of the hand-held device.

4.2.2　Nodes

Nodes to be placed on to the containers are required to convert the analog RSSI signal taken from AeroComm transceivers to a digital value and send that digitized value to the transceiver on the hand-held device. In the nodes Freescale MC9S12DP256 is used as microcontroller. All software for the nodes is written in C programming language using Freescale Codewarrior. The software is loaded to the microcontroller via HCS12 Serial Debugger.

Transceivers on the nodes are waiting for a signal (the keyword that will be sent from the hand-held device to start sending RSSI) from the hand-held device. An interrupt driven approach is used in the software of the nodes. Since AeroComm transceivers accepts serial data on TTL logic level, the data receive and transmit pins of transceiver are directly connected to the UART interface of the Freescale microcontroller. For serial communication between transceiver and microcontroller 9600 baud rate is used. Each data arrival is handled by a Serial Communications Interface (SCI) interrupt. ID of the hand-held device is set as the destination address for all nodes in the system. After this keyword is received, transceiver on the container will reply by sending the 8-bit digital value of RSSI signal.

Analog to Digital Converter (ADC) of the Freescale microcontroller is used to convert the analog RSSI signal to a digital signal. 10-bit resolution is used for the conversion to increase the precision. However since the RSSI is an analog signal between 0V-2V and we use 0V and 5V for VRH and VRL (Reference signals of ADC), we ignore the least significant 2 bits of the converted 10-bit digital value. After this conversion, an 8-bit digital value corresponding to the RSSI signal is obtained.

After the RSSI signal is converted to an 8-bit digital value, it is sent to the hand-held device. In order to send data from node to hand-held device, data is sent from microcontroller to the transceiver on the node via the UART interface. Then the transceiver automatically send the data to the transceiver whose ID is written as the destination address on the EEPROM.

5　Experiments

We carried out three experiments. In the first one, we tried to measure change in the signal strength with respect to distance. We found out that as the hand-held device gets closer to the node the signal strength increases. The experiments carried out from two meters to the 200 meters in distance in North Campus of Bogazici University. For short distances there were no blocks between the node and hand-held device. Therefore signal strength were very strong however, as the distance gets larger some blocking objects like buildings, walls, trees, students etc. appeared in the communication path. As a result the reduction in the signal strength was not only due to the distance but also due to the blocking objects as well. This phenomenon is shown in Figure 5.

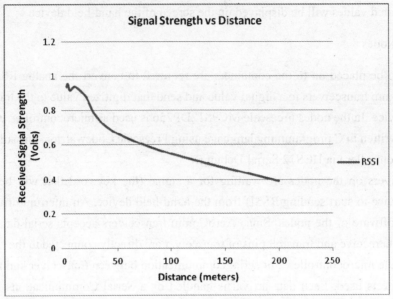

Fig. 5 The measured change in signal strength with respect to the distance

The second experiment was carried out to find out the place of unknown node we placed the node in somewhere in North Campus of Bogazici University and asked a friend to find its place with the aid of our hand-held device. He found the place of the node in three single searches as shown in Figure 6. The distance between our friend and node was approximately 100 meters. As a result, we can find the direction of unknown node with 15 degree deviation and this difference decreases as user gets closer to the node.

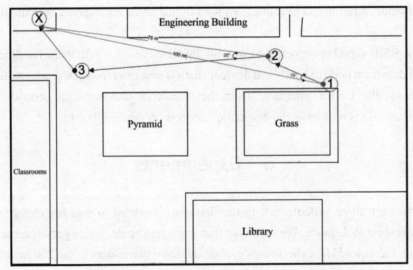

Fig.6 The path followed to find the unknown place of a node

Finally, we carried out experiments with multiple nodes in the field in order to see whether interference occurs correctly when all nodes are active. We used the handheld device with three nodes. Switching of target nodes works as expected, regardless of the distance between the nodes, because the hand-held device communicates with a single node at a time during the operation of the system. Hence no interference occurs thanks to unique MAC address of each transceiver. In other words, as the destination MAC address of the transceiver configured uniquely, the node of the desired container does not interfere with the others. Hence, the system with multiple nodes works the same as the system with a single node. We did not consider multiple nodes and multiple hand-held devices since we built only one hand-held device. However, this case will not be a big trouble since the protocol that is used by AeroComm transceivers prevents data collusions and interference in the case of multiple transceiver connection.

6 Future Work and Discussion

Next step in our project should be finding out network topology of containers in a storage area. We can identify locations of all containers in the land with the network topology. In the case of multiple containers dislocation, we can find the shortest path to access all sought containers. Moreover, we can integrate our system with loading-unloading optimization software after network topology extraction utility is added on the current system. We believe that integrating our system with some optimization software, which is currently in use in order to reduce loading-unloading cost and time, would increase attractiveness of our project. In this case, our system will solve some problems of current optimization software. For example, when software runs before loading, optimum model will not be achieved due to the mistakes of loading staff and safety precautions taken by captains of ship. When such problems occur, our system will find out current topology online after loading the ship and update the optimized model accordingly.

There are some adversities of our project. For example; transceivers in our project works with 200mW. This low power extends the battery life but the signal transfer is not good enough in harsh areas. Signals are easily reflected and scattered on the metal surfaces. Moreover, signals from these transceivers will not be able to surpass in harsh environments. All these adversities have affected our project. We lost signal in such environments due to multiple interference factors. Our solution for this situation is increasing the signal power. We believe that if we have used the transceivers working with 1W power, the results would have been more accurate, since our communication with nodes will survive at further distances in this case. Although interference of multiple nodes is not a problem, interference due to multiple paths will increase in the case of high power transceiver usage. This problem can be solved by monitoring the behavior and developing an algorithm to detect interference effects due to multiple paths and reducing them. Hence, we could have been able to locate nodes that we could not locate with our transceivers.

7 Conclusion

In this project, we developed a distributed embedded solution for container storage lands with considerably lower cost than current solutions, i.e. GPS based solutions. Although, our embedded system is error prone for now, we are able to find the position and the direction of a node with a small error percentage. And also our project can be improved to enhance usage of system by integrating optimization software that is used for loading and unloading of ships. We are also honored with Second Prize of Intel ESDC'2010 on our project.

Acknowledgements:

Firstly, we are deeply indebted to Mehmet Hacibrahim from CONTAZ for sharing his knowledge in container and shipping business with us. In addition, we would like to thank two PhD students from CASLAB, namely Salih Bayar and Cem Ayyıldız, for their support on hardware design issues. We are also grateful to Erkan Sağnak from TTAF for his providing us with the cable between the LCD and the Intel board at no cost. Finally, we would like to express our gratitude to Prof Dr Levent Akın, the Dean of the Faculty of Engineering, for the partial financial support.

(Faculty Mentor: Assoc Prof Dr Arda Yurdakul
Participating institutions: Bogazici University)

评审意见：如何查找一个集装箱，每个箱子上安装GPS太贵，用RFID又会受限于距离100米。该作品使用了射频测距测向技术，在箱子结点安装射频收发器，然后用嵌入式系统扩充射频模块，计算距离方向，导航用户到指定集装箱。

Finding a freight container in large areas takes a lot of time. The cost of GPS modules are very high, and the communication range of RFID is at most 100 meters. This solution considered using RSSI technique with RF transceivers. Users can place nodes on the containers. The hand-held device, which is build with contest platform and RF modules, can communicate with the nodes by RF transceivers, find the specified nodes, calculate the distance and direction, and leads the user to it.

家庭安保机器人
The Home Safety Robot

王 韬　熊六中　徐 新

摘要：本系统使用基于 Intel® Atom™ 处理器的嵌入式平台和 Meego 操作系统实现了家庭安保机器人的相关功能。依靠机器人携带的各类传感器采集周围环境信息并创建栅格地图，运用针对硬件平台改进的 VFH 算法进行路径规划，使用基于网络摄像头的动态火焰识别算法识别并定位火焰，完成排除险情的功能。该机器人能在检测到险情后短信通知主人，并开窗稀释燃气或自主灭火。主人也可通过远程控制机器人完成巡逻或灭火。

关键词：安保机器人，自主报警，自主灭火，远程控制

Abstract: The Home Safety Robot system utilizes Intel® Atom™ processor based embedded platform and Meego OS, and implements related functions of home safety robot. With helps of sensors connected to the robot, it can capture environment information and use the advanced VFH algorithm to make the routine scheme to the destination. The robot uses webcam-video algorithm to locate fire sources so as to accomplish the task of fire detection. The robot can send message to remote user when it detects any fire accident. The robot can put out fire by itself automatically, and it also allows remote users to instruct itself to put out fire manually. The robot can open windows through remote control to reduce the intensity of flammable gases when it detects gas or fire accidents.

Keywords: The Home Safety Robot, auto-warning, auto-fire-putting-out, remote control

1　概　述

　　白天上班或外出时候的家庭安全越来越受到大家的关注，如果能在险情萌发阶段就发现并将其排除将会减少许多损失。如何及早发现险情并将损失控制在最小，是当今学界和产业界都在研究的课题。本方案设计了一种安保机器人，监控家庭燃气浓度和明火情况，外部火焰检测器检测到险情后通过无线传输模块通知机器人，机器人启动并通过 GSM 模块通知主人，由环境信息采集板返回的环境信息辅助机器人实时更新栅格地图，依靠 VFH(Vector Field Histogram)算法完成机器人避障到达目标房间，运用动态火焰识别算法识别定位火焰，再启动灭火装置完成灭火。如果是燃气泄漏而非明火发生，机器人在通知主人的同时发送开窗控制信号，控制远端的开窗装置打开窗户。安保机器人不仅可以自主行动，也可以由主人进行远程控制以完成辅助灭火或者监控功能。系统框架图如图 1 所示。

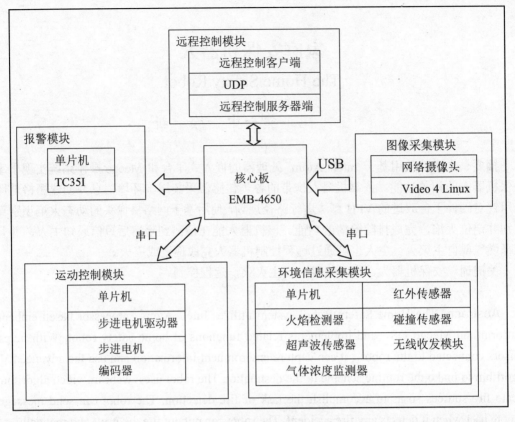

图1 系统架构图

注：本系统架构采用主从模式，核心板 EMB-4650 与环境信息采集模块、运动控制模块以及远程控制模块通信。环境信息采集模块主要功能是反馈环境信息，用于建立和更新地图。当系统检测到险情后，发送启动信号启动机器人。运动控制模块用于控制机器人的运动。核心板运行路径规划算法，依靠地图信息作出决策并发送控制信息到运动控制模块，根据火焰识别定位算法完成火焰的识别和定位，并可接受远程控制。

2 系统功能与指标

2.1 燃气浓度和火焰检测

依靠安装在家庭关键位置(如厨房等地)的火焰检测器和气体浓度检测器实时采集环境数据，监控环境状况。当检测到燃气浓度超标或者明火发生，通过无线发送装置通知机器人。

(1) 火焰检测器检测半径不大于 2m，最小能识别一根蜡烛的火焰，可以有效保证明火检测成功率。

(2) 火焰和气体浓度采样周期为 1s。

2.2 报警

当险情发生后，机器人通过机载 GSM 模块，向主人发送报警短信并拨打电话。

(1) 当信号稳定时候，报警成功率为 100%。

(2) 短信报警响应时间小于30s，电话报警响应时间小于20s。

2.3 灭火和开窗

2.3.1 开窗功能

当险情为燃气浓度超标时，机器人通过无线传输模块发送开窗信号，驱动远端开窗装置打开窗户。

(1) 开窗信号一次性接收成功率大于98%。
(2) 开窗装置机械结构目前适用于推拉式窗户。

2.3.2 灭火功能

当险情为明火时，机器人通过运行路径规划算法控制电机并到达目标点，然后启动火焰定位算法定位火焰并完成灭火。

1. 路径规划

栅格化全局地图，并设置机器人当前位置坐标为(0,0)，通过初始化程序，对目标房门相对于机器人的位置进行初始化。当机器人启动后，通过环境信息采集模块携带的超声波传感器返回前方障碍物信息，通过串口传送给核心板的地图更新线程，实时更新栅格地图。进而根据地图信息完成路径规划。

(1) 栅格化地图为601*601，栅格尺寸为5cm*5cm。
(2) 超声波传感器返回障碍物相对距离误差小于2cm。
(3) 超声波传感器整组检测时间为0.5s。

2. 火焰定位

系统采用基于动态火焰的识别算法，定位火焰位置，计算出机器人目前朝向和火焰位置的差距角，控制机器人转向对准火焰完成灭火。

2.4 视频监控

机器人自带USB摄像头，用于火焰识别和视频远程传输，当远端用户通过网络与机器人进行连接后，实时传输当前环境图像给控制端。

(1) 摄像头最大分辨率为640*480。
(2) 网络环境较佳的情况下，视频帧丢失较少，抖动较小。

2.5 远程控制

当远端用户请求并连接成功后，可以对机器人进行远程控制。远端用户可对机器人进行的操作有前进、左转、右转、后退、灭火以及放弃控制等。用户可以通过键盘和鼠标两种方式发送控制指令。

(1) 键盘控制和鼠标控制都具备实时性。
(2) 用户放弃控制后，机器人仍可自主工作。

3 实现原理

本系统设计共分为机械结构设计、底层软硬件系统设计、上层软件系统设计三部分。底层软硬件系统的设计和实现与机械结构密切相关，上层软件系统与底层软硬件系统通过串行接口通信，独立性强，方便扩展。

3.1 机械结构设计

采用两轮差分驱动后带万向轮形式，较四轮而言更为灵活，且机械结构设计简单，有效地控制了成本，简化了电路及软件设计。

3.2 底层软硬件系统设计

3.2.1 机器人启动模块

当燃气浓度超标或者明火情况出现以后，安装在家庭关键位置的环境检测传感器(火焰检测器和燃气浓度检测器)的相关引脚电平发生变化，传感器将相应数据通过无线收发模块传递给环境信息采集模块，再通过串口发送到核心板，以实现机器人的启动。

3.2.2 报警模块

当机器人获知到险情发生，完成启动后，应当及时告知主人，以将损失控制在尽量小的范围。本系统采用了 TC35I 模块，能在险情发生后给主人发送短信并拨打主人电话。

3.2.3 环境信息采集模块

环境信息采集对于机器人感知周围环境状况、作出决策是极其重要的，稳定可靠的反馈数据对于机器人自主执行任务的效果起着决定性的作用，本系统环境信息采集模块由一片 8 位单片机及相关传感器组成，该单片机引脚、接口丰富，依靠 SPI 等接口与底层传感器通信，依靠串行接口与核心板进行数据交互。

3.2.4 机器人运动控制模块

在移动机器人技术中，机器人运动控制模块决定了机器人能否快速、准确到达目标点以完成相关任务。本运动控制模块采用一个 8 位单片机进行运动控制，采用步进电机作为驱动电机，在步进电机准确度较高的情况下，系统加入了编码器与步进电机构成闭环系统，以防止丢步现象出现，提高系统稳定性。

3.3 上层软件系统设计

3.3.1 路径规划算法设计

本系统参照 VFF(Virtual Force Field)算法对实时检测到的障碍物周围情况进行概率估计，以减小因为超声波传感器数量较少而带来的误差，也很好地避免了检测盲点的出现。避障过程吸取了 VFH 算法的思路,为结合硬件平台性能,简化了 VFH 算法对全景 360°范围的检测,而采取在机器人前端 180°范围内开辟一个矩形动态窗和 2 个扇形动态窗以完成机器人实时的局部路径规划。路径规划算法流程如图 2 所示。

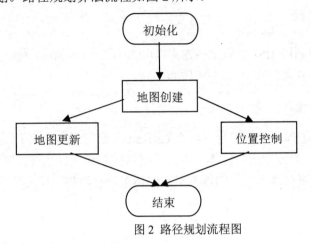

图 2 路径规划流程图

注:路径规划包含两个线程,一个线程用于实时更新地图,另一个线程用作决策,控制机器人的位置。

1. 地图创建

本系统地图采用栅格法创建,地图以机器人初始位置为原点(0,0),栅格大小为 5cm*5cm,定义了地图数组 map[601][601],适用于 30m*30m 范围,适当修改地图数组下标可以扩大或缩小地图尺寸。map[300][300]为初始位置点,然后依据此点依次初始化各栅格坐标即完成地图创建。

2. 地图更新

核心板采用定时器中断方式访问串口,获得环境信息采集模块采集的数据,将获取到的数据结合机器人当前位置,经过卡尔曼滤波器滤波后得用于更新整个地图信息,使得机器人可以感知障碍物的存在。

3. 位置控制

矩形检测用于正前方道路状况的判断,当正前方道路状况很好的时候,再继续发射较大的矩形区域检测是否允许朝向调整,若允许调整,即表明目标点与当前位置形成的矩形区域内可以通行,则此时应当调整角度朝向目标点。当目标点与当前位置形成的矩形区域内障碍物置信度到达阈值,即表明此时不允许调整角度朝向目标点,机器人会选择直线前进一个步长,等待下一周期的局部路径规划。

矩形动态窗需要结合机器人当前朝向,为了减少运算量,本系统中采用了坐标系变化的方法,具体方法如下:

$$X= x*\cos\theta +y*\sin\theta \qquad Y=-x*\cos\theta +y*\sin\theta$$

3.3.2 火焰图像识别算法设计

利用机器人携带的网络摄像头捕获火焰图像,并通过火焰的颜色特征与运动特征综合分析提取火焰的中心位置并判断机器人与火源之间的距离。系统采用开源体系结构 GStreamer

作为开发框架。

1. 图像预处理

系统首先将图像格式由YUV格式转换为RGB格式，然后利用中值滤波去除所捕获图像中的随机降噪点。

2. 火焰提取

对火焰图像的提取，利用HSI色彩空间方式提取火焰的色彩特征，利用时间差分累计方式提取火焰的动态特征，以此完成对火焰的识别。

3.3.3 远程控制软件设计

远程控制软件采用QT作为开发平台，结合Gstreamer编程框架实现了视频显示的功能，通信协议选择UDP协议。为方便用户操作，设计了键盘控制和鼠标按键控制两种控制方式。通过远程控制程序，用户可在连入网络的地方对家庭情况进行监控，并可对机器人进行控制。

4 系统测试

4.1 测试设备

系统测试过程中用到的硬件测试设备包括：酒精中浸泡过的海绵(用于火焰检测)、角度计(用于测量目标点与机器人朝向的角度)、10m卷尺(用于测量目标点和机器人的距离以及机器人前进的距离)、打火机(用于气体浓度检测)、推拉式窗户(用于测试开窗程序)、纸箱(用于模拟障碍物)、数字示波器(用于测量系统产生波形是否准确)，以及万用表等。

系统测试过程中用到的软件测试平台包括：Matlab(用于路径规划仿真)以及远程控制软件中相关测试平台。

4.2 测试数据及结果分析

由于篇幅所限，本文仅给出避障测试结果。避障测试在室内环境中进行，按照障碍物数量、尺寸和形状进行了7组测试，测试数据如表1所示。

表1 避障测试数据表

测试编号	障碍物1尺寸	障碍物1形状	障碍物2尺寸	障碍物2形状	障碍物3尺寸	障碍物3形状	避障成功	过程中是否发送碰撞
1	小	规则	—	—	—	—	成功	否
2	大	不规则	—	—	—	—	成功	否
3	大	规则	小	规则	—	—	成功	否
4	大	不规则	小	规则	—	—	成功	否
5	大	不规则	小	不规则	小	不规则	成功	是
6	大	规则	大	不规则	大	不规则	成功	否
7	大	极不规则	大	极不规则	大	极不规则	失败	否

测试数据显示，当障碍物规则，数量较少的时候，避障成功率很高，当障碍物极其不规则且尺寸大，数量多的时候，可能会出现避障失败的情况。分析原因可知，产生碰撞是因为超声波传感器数量较少，检测范围有限，碰撞点并未被检测到。而测试中出现了一次避障失败，分析可知，是障碍物尺寸过大，外形极不规整且摆放位置紧密，加之为保证机器人安全，尽量避免碰撞，障碍物被适当放大，导致了机器人在地图信息中找不到合适的位置进行调整。

5　系统特色

家庭安保机器人设计采取模块化方式，结构简洁，软硬件设计内容丰富、功能多样，通过实验测试达到了预期的设计目的，实现了相关功能，其特点总结如下：

(1) 系统架构采取主从模式，各功能模块独立性较强，易于改进和扩展。

(2) 系统功能丰富，机器人不仅能自主完成任务，也能在主人的远程控制下完成巡逻或灭火功能。报警模块的设计也进一步体现出"安保"性能。

(3) 环境信息采集模块实时性强，运动控制模块精准度高，为上层软件系统设计提供了良好的硬件平台。

(4) 路径规划算法和火焰识别定位算法做了相关优化和改进以保证机器人完成任务的成功率，充分发挥了 Intel® Atom™ 处理器的功能。

(5) 人机界面友好，提供了键盘控制和鼠标控制两种方式，操作方便。

6　总　结

本系统从实际应用角度出发，着眼于当前社会对家庭安全的关注，设计并实现了以 EMB-4650 平台为核心、结合 VFH 路径规划算法和动态火焰识别定位算法以监控家庭环境状况并采取相应救险措施的家庭安保机器人。

当然，本系统还有许多需要改进的地方，比如火焰定位速度、机器人运动速度、网络拥堵时远程控制准确率等。相信随着电子技术的快速发展和服务类机器人市场的进一步扩大，本系统在未来的应用前景将十分广阔。

（指导教师：郝宗波　参赛学校：电子科技大学）

评审意见：该作品利用环境信息采集模块采集周围环境信息，结合 VFH 路径规划算法和动态火焰识别定位算法，实现机器人避障到达目标点，以实现完成排除险情的功能。作品具有一定的应用背景。

航道综合环境智能监测分析预警系统
An intelligent system for monitoring, analyzing and warning of integrated waterway environment

屠青青　詹小红　李智超

摘要：通过调查发现，目前我国尚没有能为船舶航行提供航道综合自然环境监测的分析预警系统。我们基于 Intel® Atom™ 处理器 Z510P 设计实现了航道综合环境智能监测分析预警系统。本系统结合图像远程采集、无线传输、图像识别等信息手段，实现了针对航道环境高优先级因素水情雾情的实时监测、分析和预警。本作品的研究成果可广泛应用推广于交通运输管理中。

关键字：水情，雾情，智能系统，监测，分析，预警

Abstract: According to our study, China does not have a system which can monitor and analyze the integrated waterway environment and provide warnings to ships. Based on the embedded system with Intel® Atom™ processor Z510P, we designed and implemented an intelligent system for monitoring, analyzing and warning of the integrated waterway environment, which in particular includes both water and fog information due to their high priority, by the integration of remote waterway images collection, wireless transmissions and image recognition technologies. The proposed approach in our study can be applied to the administration of transportation and marine bureau.

Keywords: Water, fog, intelligent system, monitoring, analysis, warning

1 概述

世界各国对航道上的交通事故统计表明，许多严重的交通事故起因都与航道自然环境有关。分析发现，航道各种环境因素对船舶航行影响程度有明显差异，而影响程度最为显著的是江河水情雾情的变化，以及水位的涨落情况及雾霾能见度。而一直以来，我国以人工监测和气象预测为主的监测系统监测范围有限、精确度不高且信息传递不及时。这些问题已成为航道综合自然环境监测分析预警工作发展的瓶颈。显然加强航道自然环境监控，强化航行情报交换的技术才是避免水上交通事故发生的有效手段。

我们结合水运的现实需求和图像识别等领域的最新研究成果，以及我们自己提出建立的一系列图像识别方法和系统构架，研究实现了基于 Intel® Atom™ 处理器 Z510P 的航道综合环境智能监测分析预警系统。本系统拟为防灾减灾和水上交通安全管理服务提供有效信息依据，减少乃至避免洪涝灾害和水上交通事故的发生。

本项目的研究成果，可以应用推广于交通运输管理部门，为水运企业、船主和船员提供

雾情和水情参考信息；为企业产生调度、航行安全提供信息资源；为水库旱涝水势调度提供信息依据；也能为交通运输管理部门和海事监管部门提供加强运输和监督管理的依据，以便及时发布预警信息，有效减少水上交通事故的发生。

2 系统总体设计

2.1 系统方案

系统通过C8051F020单片机A控制各航道布设的图像采集点的串口摄像头采集图像，并且控制CC1100模块A将发送图像信息。位于主机端的CC1100模块B接收远程传来的图像信息。图像信息经过C8051F020单片机B处理后，通过串口传输给嵌入式开发平台。系统总体技术路线图见图1。

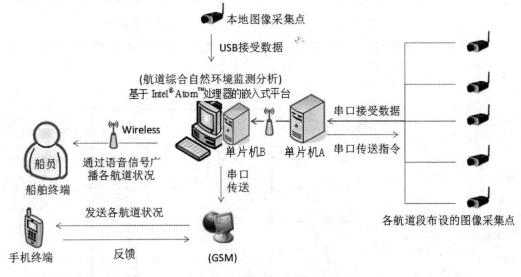

图1 总体技术路线图

2.2 系统软件流程

C8051F020单片机A控制串口摄像头采集图像，并且控制CC1100模块A将图像信息发送出去。在主机端，CC1100模块B接收远程传来的图像信息，并传输给C8051F020单片机B进行简单处理，最后通过串口传输给嵌入式主板。软件流程如图2和图3所示。

2.3 系统硬件结构

本系统硬件设计主要以嵌入式开发板EMB-4650为基础平台，充分利用了开发板各接口串口，并扩展了USB摄像头模块、FM调频发射、接收模块和基于C8051F020单片机的无线图像数据采集及远程传输模块等外围设备，其总体框图如图4所示。

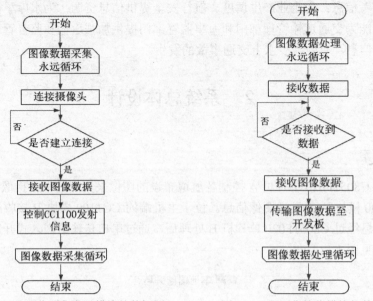

图 2　远程图像采集发送模块软件框图　　图 3　远程图像接收模块软件框图

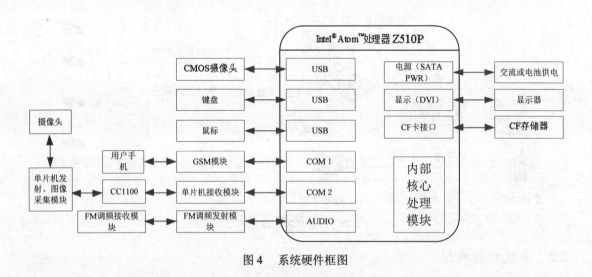

图 4　系统硬件框图

3　系统模块功能

3.1　图像采集及传输

CC1100 是一种低成本真正单片的 UHF 收发器，为低功耗无线应用而设计。本设计中我们使用一块混合信号系统级高速(25MIPS 高速流水线式)单片机 C8051F020 控制图像数据远程传输，充分利用单片机 3.3V 电平输出的 IO 接口模拟 SPI 协议，简单易行。

3.2 航道综合自然环境分析处理

3.2.1 航道环境特征及系统难点

系统主要解决的问题是航道上水情雾情监测分析和预警，主要面向的环境是航道。我国航道上自然坡段居多且以山坡树林为主，因此在颜色、亮度变化和结构上具有显著的特征：

(1) 自然坡段的山林背景颜色（偏向深绿色）较深，和天空颜色、河流颜色（无倒影情况下），具有显著差异。

(2) 水岸线平整连续，其结构基本呈水平，并且和周围景物过度时亮度变化明显，具有丰富的边缘信息。

(3) 河流中无倒影部分水色统一，和有倒影部分区别明显。

(4) 自然坡道颜色偏深（集中为树和土坡），无雾霾影响下与有雾霾影响下色彩在视觉上有显著差异。

基于以上特征，系统实现时存在如下几个难点：

(1) 我国大多数航段都处于自然坡段地带，以山坡树林背景为主，没有合适的特定背景可以作为特征显著且干扰较少的背景以识别水位。

(2) 除了水岸线结构分布平整水平，在部分情况下山林的外轮廓（即山林和其后背景天空交接部分）及其倒影的外轮廓均趋于水平，因而它们均会干扰水位线识别。

(3) 光线较暗和有雾霾也会造成特征变弱，影响水位线识别。

(4) 分析方法在符合人类视觉特征的要求下，计算出航道雾区和在无雾情况下的差异。

(5) 没有固定的无雾场景模板可以参考对照。

3.2.2 水情智能分析处理

在水情智能分析过程中，我们采用了基于层级进化机制的图像水位信息识别方法。该方法保证了对水情理解的高效性和准确性。在层级进化机制中，以进化的思想对信息进行层级处理。因此基于该机制建立的信息处理方法如倒置的金字塔，逐层进化图像关注信息的显著程度，最后分析出核心关注信息的特征。

基于层级进化机制的水情分析方法分为五层处理：① 确认干扰因素；② 逐层去掉各自关注的冗余信息；③ 排除干扰因素影响；④ 显著化关注信息特征；⑤ 分析出关注特征。

3.2.3 雾情智能分析处理

在本系统中，我们提出了一种基于暗通道优先理论(dark channel prior)的雾霾程度分析方法。它能有效地适应于自然坡段航道多变的特点，并且具有简单直接高效的优点。在基于视觉对雾霾程度进行理解的过程中，我们主要考虑了两个因素：暗通道占比和基于暗通道优先去雾后与原始图像暗通道的总体差异。

3.3 FM 调频发射

本系统采用基于 BA1404 的调频发射模块加末级功放的形式实现对航道实时自然环境信息的播报，船员可以通过船载的调频接收机接收实时的航道信息。

3.4 GSM

本系统采用廉价的 GSM 模块 TC35 发送、接收 GSM 短信的方案传输自然环境信息。当出现警情时，本系统通过 TC35 将预警信息以短信的形式通知船员做好应急准备。

4 系统实现原理

4.1 水情分析原理

本文提出了基于层级进化机制的水情分析。该方法有效地解决了复杂自然环境中水位识别的问题，同时在符合人视觉理解的情况下有效地排除了水位线特征的干扰。

4.1.1 光线预处理层

为了实现对水位的实时监控，系统需要避免光线昏暗造成无法识别。因此系统采用了图像直方图均衡化改进算法作为第一层，对实时捕捉的图像增加图像对比度。在被增强的特征中，水岸线的特征最为明显，这有助于后面的识别。

4.1.2 目标信息过滤层

本层的主要目标是在保留水岸线特征的同时提取出目标物和精简图像信息。为了实现这个目标，本层综合了图像分割技术和边缘信息检测技术。

首先，图像分割。为了突出显示图像中的主体部分，我们采用图像分割技术将目标物和背景物分离，同时减少它对后续水位线分析造成的时延。本文采用基于最大类间方差法的图像分割将目标物与背景分离，为图像提供预处理。

其次，边缘信息检测。经过目标信息分离后的图像仍然包含大量冗余信息，会对水位特征分析提取造成干扰，同时，水位线在亮度变化上比较明显。采用边缘信息检测，大幅度减少了所提出目标物中的数据量，剔除了与水位不相关的信息，同时保留了重要的水位线特征。

4.1.3 水位线特征显著化

通过上述两层分割处理后的图像信息已经得到精简化，但是杂乱的边缘信息掩盖了水岸线的特征，因此边缘轮廓还需要进行细化和连接处理。在本层中，我们采用三位水平方向结构元素的膨胀运算对图像中的信息进行重新计算。分析图像离散的各边缘信息之间的关系，进而收集图像的特征。本层使原本不联通的相干水平线相连，显著化了水岸线水平分布集中的特点。

4.1.4 干扰信息排除

从之前环境特点的分析看出，山林及其倒影的外轮廓都会干扰水位识别。然而由于山林本身的位置导致实验中易于排除其干扰，因此本层主要解决倒影干扰排除这个难题。
通过前面的处理，水岸线已经表现出很明显的特征：有比较集中连续的水平线。然而由于背景山林影响，水中倒影开始处也具有相似特征。我们提取这些特征并识别出干扰信息。

4.1.5 水岸线提取

通过以上处理,水岸线已经表现出明显的特征:水平分布集中。根据这一特征,我们横向扫描图像,确认水平分布最集中的区域。然后根据上一阶段的倒影开始水位线分析的结果,最后准确定位水位线。

4.1.6 水位预警

本系统的水位预警,通过实时的水涨和水退速度进而预测险情发生和消除的时间,其主要分为三个部分:

(1) 获取判断警情标准:通过与用户交互,确定警戒线在图像中的位置,这作为后续判断依据;同时确定合理的水涨速度阈值。

(2) 水位预测:通过实时计算水位涨落速度,预测警情。

(3) 自动预告险情:智能判断警情,并实时向客户端输送与警情有关信息及提示。

为了预测水位的涨落趋势,我们建立了一个基于跟踪当前水位涨落进而计算预测未来涨落相关信息的模型,实时计算水波动度。

4.2 雾情分析原理

在雾情分析模型中,我们综合了图像中暗通道强度分布最为集中处的暗通道占比 $\tilde{R}$ 和雾霾与原像素平均差异 $\tilde{D}$ 两个分量,进而分析出实时雾情 P。

4.2.1 基于暗通道优先的雾情定位

暗通道优先理论指出在不包括天空的当地大多数地区,很多时候,一些像素(称为"暗像素")至少在一个通道强度很低。由于航道环境属于户外自然场景,所以通常色彩丰富并且阴影充分,因此这些航道场景在不受雾霾干扰情况下的暗通道强度是非常低的。基于这个理论,我们首先定位出在暗通道强度上分布最为集中的 n 个段带,进而定位雾情。

4.2.2 基于暗通道优先的雾霾差异值计算

暗通道优先理论揭示了雾霾形成的具体细节和结构。借此,我们还原出雾景原型,进而把原场景和还原后场景进行差异计算;最后把结果和经验对比,获取当前雾情。

第一部分,基于暗通道优先的雾景还原。首先我们的图像被分成了小块,然后基于暗通道优先模型恢复出了当前场景的无雾还原图。

第二部分,估计差异值。我们通过设置置信区间估计出整个场景中的 RGB 值的平均变化程度,并定义该程度为雾霾差异值。该值直接指出了当前雾景中的雾厚度。

根据我们从采集点收集回的图像实验验证,随着雾霾程度加深,差异值规律性地增大。

4.2.3 优化处理

还原出的无雾场景图仍然有局部的缺陷,主要表现在以下两方面:
(1) 由于在还原过程中只单方面地注意到加强场景的可见度,因此没完全还原场景光线。
(2) 当场景中出现较大深度断裂时,将会受光圈影响。

通过综合寻找场景光线补偿点和基于 Gamma 的光线校正，有效地解决了第一个问题。第二个问题是由深度裂痕引起的，采用图像分块均值可消除白点对实验结果造成的干扰。

5 系统测试方案及结果

5.1 水情分析模块测试方案及结果

1. 测试环境

实验图像采用的是从长江上游某渡口监控视频截取下的一帧图片。该图片拍摄到的环境属于自然坡段，符合实验所研究的环境特点。

2. 测试方案

基于已经在上文中详细描述过的层级进化的水位检测方法，我们将分两部分测试系统：① 逐层测试结果展示；② 对比测试结果展示。

3. 测试数据及结果

对比测试：将光线作为变量对系统进行测试，并对测试数据进行分析。图 5 和图 6 分别为光线昏暗和光线正常情况下的完整测试结果。

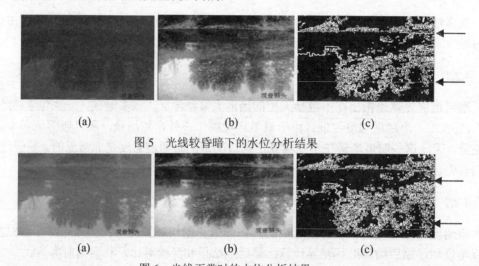

图 5 光线较昏暗下的水位分析结果

图 6 光线正常时的水位分析结果

图 5(c) 和图 6(c) 中，偏下箭头所指示的线为排除的倒影干扰线，偏上箭头指示的线为识别出的水位线。

表 1 光线对比的测试数据

时间		系统识别	人识别
白天	1193.15-3638.71ms	244~249	239~245
傍晚	1193.15-3638.71ms	244~249	239~245

表 1 中的数据是基于 1G 内存 PC 平台的实验结果。分别在白天光线正常和傍晚光线昏暗时获取的图像多次实验的最后获取时间和水位取值范围。从表 1 可以看出，在光线不同的情况下，系统识别出的水位是相同的。并且，系统识别出的水位如图 5 和图 6 中靠上箭头指示的

位置，244~299（允许波动存在），而人眼识别的结果为239~299。系统的识别结果满足需求。

5.2 雾情分析模块测试方案及结果

1. 测试环境

航道自然坡段。

2. 测试方案

(1) 详细测试：分别测试两个参变量的处理并综合分析出实时雾情状况；
(2) 对比测试：对多处环境，以不同雾情程度为变量进行整体测试及分析。

3. 测试数据及结果分析

最后根据大量实验，本系统设置阈值 $\bar{R}$ 为138、$\bar{D}$ 为70作为轻雾和重雾的理想分界线。在图7中，每一个小组图片（如组 a-1）中包含：原景图和去雾还原图。同为一个字母的图组是取自同一采集点不同雾情的图片，从1到2雾霾程度渐低。

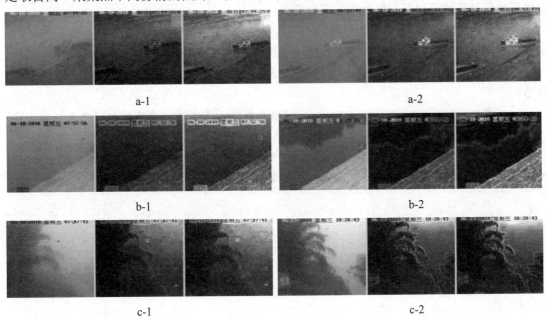

图 7 差异分析实验

表2为差异分析结果，它表明智能系统分析出的雾情相似于目测雾霾程度，不同地区结果也相似。

表2 差异分析结果

地区	差异值($\bar{D}$)	定位值（暗通道定位）($\bar{R}$)	雾情(P)
a-1	68	159	轻雾3.5级
a-2	55	137	轻雾2.6级
b-1	77	149	重雾3.5级
b-2	61	79	轻雾1.4级
c-1	88	213	重雾2.6级
c-2	80	76	轻雾3.2级

6 特色

本文基于 Intel® Atom™ 处理器 Z510P 提出建立了一个完整的航道综合自然环境监测分析预警系统。该系统针对航道交通安全的主要影响因素——水情和雾情，进行智能管理。本系统的主要创新点和贡献如下：

(1) 应用方面，本系统能够有效地帮助水利防汛部门、航运企业提供实时水情参考信息，为防灾减灾、企业生产调度、航行安全提供信息资源；同时，实时发布的预警信息，有利于保障人民生命财产安全。

(2) 技术方法上，提出了基于层级进化的智能水情分析方法和基于暗通道优先的智能雾情分析方法。这些方法，提高了系统的分析效率、精确度和环境适应力，并且实现简单。

(3) 系统设计方面，系统采用的采集和处理分离的架构有力地降低了系统成本开销，并且多地采集信息集成处理充分地利用了平台资源。

(4) 信息共享方面，系统通信模块为不同需求用户提供的多样化接收终端模式，形成了航道共享环境信息网络，从宏观和微观上解决了防洪决策和防洪响应的支撑体系。

综上所述，本系统的研究成果为提高综合航道智能管理方面的实时性和准确性提供了参考。

（指导教师：李玉喜　参赛院校：电子科技大学）

评审意见： 该作品结合图像采集、识别、处理，以及无线传输等手段实现航道水情、雾情的监测、分析和预警。本作品具有实际应用参考意义。

基于视点跟踪和离轴投影实现多屏幕立体显示技术

Multi-screen geometric display technology based on viewpoint tracking and off-axis projection method

唐亦辰　谢辛舟　王悦凯

摘要：三维立体显示技术推动着当今显示媒介的革新，为实现各种更为便捷的人机交互体验提供可能。本作品利用视点跟踪和离轴投影技术实现了多屏幕立体显示。作品利用多点超声测距原理进行观察者的视点跟踪，然后使用三维场景处理和离轴投影的方法计算出多个显示器的显示内容，最后使用三维渲染引擎完成场景的显示。

本作品可以实时地在每个屏幕上渲染与当前视角对应的三维场景，将屏幕组成的物理空间和虚拟的三维空间融合起来。

关键词：视点跟踪，离轴投影，多屏幕立体显示

Abstract：The 3-D display technology promotes the innovation of modern display media and enables more convenient human-computer interaction. This work uses viewpoint tracking and off-axis projection technology to realize multi-screen geometric display. We designed an ultrasonic measuring system to track the viewpoint, and then generate the content of each screen by 3-D rendering with viewpoint-corrected projection matrix. Finally we employed OpenSceneGraph to render scenes onto different screens.

In this work, we realize real-time rendering of 3-D scenes on each screen according to the current angle of view and integrate physical space composed of screens with virtual 3-D world.

Keywords：Viewpoint tracking, off-axis projection, multi-screen geometric display

1 系统简介

1.1 功能描述

计算机图形学的发展，使得在屏幕平面上渲染出三维场景成为了可能，但对于观察者而言，仍然只能看到平面图形，只不过通过图形上的透视信息能够抽象出三维空间感。当视角改变时，投影透视信息均需要随之变动，但是现有的三维渲染技术无法实现这点。因此，这样的三维场景缺乏互动性，也离真正的物理空间中的三维立体感相去甚远。

早在1992年被提出的离轴投影技术可以针对特定观察点提供准确的透视效果，使计算机渲染出三维场景，可以适应特定观察角度下的透视要求。如果巧妙地安排显示平面并在对观察点进行跟踪的同时更新显示场景，就可以利用传统的平面显示实现立体效果。

本项目中，利用 5 个显示器屏幕的特殊空间关系，在使用超声传感器组对观察点进行动态跟踪定位的条件下，实时地在每个屏幕上渲染与当前视角对应的三维场景，将屏幕组成的物理空间和虚拟的三维空间融合起来，实现了逼真的立体显示效果。

1.2 系统方案

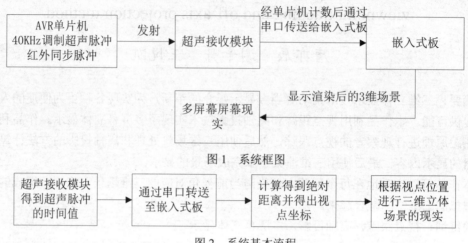

图 1 系统框图

图 2 系统基本流程

1.3 系统框架

本项目的系统中，将视点跟踪系统和基于 OpenSceneGraph 实现的离轴投影结合起来以实现立体显示效果。从结构上讲，分为三大部分，第一是单片机和各传感器组成的跟踪系统，将测量到的距离数据通过 RS232 接口送到嵌入式开发板进行数据处理；第二是嵌入式系统上对测量数据的处理和换算，并将计算结果写入共享内存以便三维渲染程序调用；第三是基于 OpenSceneGraph 的渲染程序，利用从共享内存中读取的视点信息，加载场景并实时地进行离轴投影变换，产生与视点对应的透视效果。

2 系统设计

2.1 硬件设计

如上文所述，实际完成测量的系统流程如下：

(1) 固定在观察者身上的超声源周期性地发送经过 40kHz 换能器谐振频率调制后的脉冲信号。

(2) 分布在实验箱各顶点上的超声换能器按距离远近依次接收到该脉冲，经过解调和放大处理以后，直接送到 C8051F340 单片机的 IO 口上。

(3) 单片机的计时器对各延时进行计数判断,得到最近的 3 个测量点的计数值,通过 RS232 串口将测量到的数据发送给开发板。

(4) 嵌入式开发板上的换算程序首先确定得到的计数值来自哪 3 个传感器，以便在计算中利用共面信息进行算法优化；再将时间计数值换算成距离（假设实验条件下声速恒定），求解得到超声源的坐标，最后略作修正得到观察者的视点坐标。

2.1.1 发射端板

为减小发射板体积，决定采用纽扣电池供电；超声和红外传感器分别接收调制于 40kHz 和 38kHz 的信号，故发射端板需要有相应设备完成调制功能，选用 AVRTiny 13V 单片机进行调制时序的控制，其 SOP8 的封装形式很适合与这里要求减小体积的要求。红外的发射驱动电路采用两晶体管复合成达林顿形式，峰值电流约 150mA，由于调制信号占空比较小，故消耗的平均电流很小。

对于超声发射传感器的驱动，主要存在的问题是传感器本身内阻较大，从而要求驱动电压应较高，而整个电路板又采用纽扣电池供电，供电电压只有 3V 左右，这样就造成了一种矛盾。这里解决的办法是利用串口电平转换芯片将驱动电压提高，从而加大输出功率。将由单片机产生的超声驱动信号引入 RS232 的 TX 脚，经电平转换后由单极性的峰值 3V 的信号变为双极性峰峰值 12V 的信号，用该信号直接驱动超声换能器。

2.1.2 传感器接收电路

红外：采用集成红外接收芯片 VS1838B，其内部集成了包括放大选频整形等一系列电路，使用时只需在接收脚外接上拉电阻即可，当收到 38kHz 调制的红外信号后，产生下降沿。

超声：首先对输入信号进行 10000 倍放大，经 40kHz 带通滤波后进行 10 倍放大，后经检波积分送入比较器，当检测到超声脉冲时产生一个下降沿。故总的电压增益为 100dB，另外通过减小积分电容取值从而也增大了接收灵敏度。

2.1.3 单片机

为了编程的方便，我们使用熟悉的 C8051F340 单片机进行传感器控制程序的编写。利用其内部集成的 PCA 模块、相应外部中断以及内部计数器，测量接收到红外信号和各超声信号之间的时间差，并实时地将结果通过 RS232 串口发往嵌入式主机，单片机本身不负责坐标的换算，充分保证了单片机运行的稳定和效率。

2.2 算法设计

要确定超声源坐标 $S(x, y, z)$，只要知道 S 点到 3 个已知顶点之间的距离，就可以通过求解三角形或者解方程组的方法得出点的三维坐标。

整体算法流程如图 3 所示。

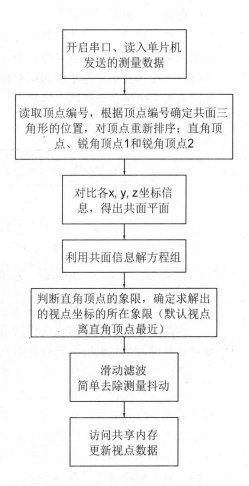

图 3 嵌入式开发板坐标换算流程图

2.3 离轴投影

通常我们使用如图 4 所示的一个旋转后的四棱台形状的视景体。

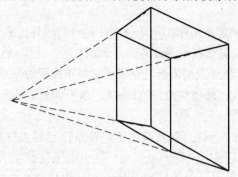

图 4 视景体示意图

投影变换所实现的就是将几何点的三维空间坐标投影到视景体内,将视景体未覆盖的顶点去除,并最终投影到二维屏幕坐标中。在最后一步可以选择保留顶点的部分深度信息以便渲染时智能裁剪场景物体。

在正常情况下,我们观察屏幕的角度是与屏幕平面垂直的,即观察视景体是在视景体正中正面朝向视景体,因此得到的视景体也是通常的正四棱台。也可以理解为,观察屏幕时人眼的坐标系与屏幕坐标系一致。而在本项目中,由于人眼的位置和观察角度的变动,我们的视线并不是垂直于屏幕平面的,观察的方式就像在侧面从一扇开启的窗户观察室外的景色。此时人眼的坐标系与屏幕坐标系不一致。这种情况下所要求的视景体如图 5 所示。

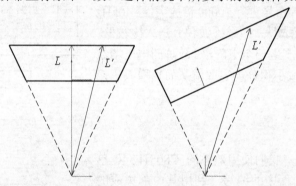

图 5 满足侧面视角的视景体示意图(二维平行投影顶视图)

因此,常规的视景体在这样的条件下已经无法满足正常透视的要求。但是依然存在一个变换矩阵可以使三维场景的点变换到新的视景体内。

考虑上面投影矩阵的定义,可以发现,一个基本的前提是主视线 L 方向垂直于视景体前平面,且主视线在前平面上的投影点在视景体内。此时我们发现视点到视景体内任意一点的视线方向并没有受到主视线的定义的影响(如图示视线 L'),即定义主视线的方向其实是为了确认视景体前后平面的法向量方向,而与观察视景体内物体的视线方向无关。

考虑到这个特点,若要实现上面的非垂直投影条件,定义垂直于视景体前平面的主视线方向,则主视线的投影点将不会落在视景体正中,因此称为离轴投影,如图 6 所示。

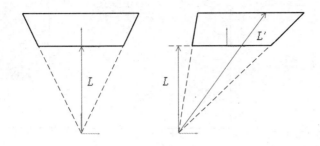

图 6　离轴投影示意图

离轴投影后,观察此时从视点到视景体上各点的视线,发现视景体的前、后平面同时相对于视线方向发生了一定的旋转,呈现出侧面观察视景体前表面的效果,与我们所需要达到的侧面观察屏幕的效果一致。

同时我们观察到,新视景体的确定相当于在正投影的基础上,视点从正面对视景体的位置平行于前平面平行移动到新的观察点,如图 7 所示。

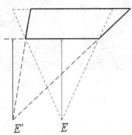

图 7　视点平移示意图（E' 相对于原正视点 E 向左平移后实现离轴投影）

从图中不难看出,此时的投影矩阵所需要进行的修改就是在原有正投影的情况下,对各参数增加视点的偏移量,得到新的视景体定义。

将参数代入 OpenGL 投影矩阵,就可以得到在当前视点针对该平面的离轴投影矩阵。

3　系统测试及优化

3.1　跟踪系统电路延时测试

我们直接将超声信号引到接收板,用红外发光二极管对准光敏管,在示波器上对接收电路上红外、超声信号的边沿进行测量,得到近似的电路延时为 200μs 左右。

将超声测量的计数值统一减去电路延时,以降低同步电路对测量结果的影响。

3.2　跟踪系统电路定点稳定度测试

如 8 图所示,分别为 x,y,z 三坐标值的换算结果和经过滑动滤波后的结果。可以看到在经过滑动滤波后的视点坐标基本稳定在 $\pm 1cm$ 内,满足了立体显示的精度要求。

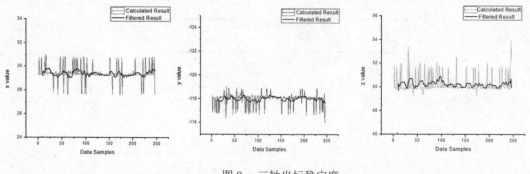

图 8 三轴坐标稳定度

3.3 离轴渲染效果测试

根据立体显示的效果要求，使用图像处理软件生成出的离轴投影效果如图 9 所示。

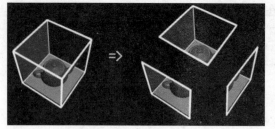 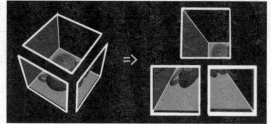

(a) 根据显示面分离场景　　　　　　　(b) 分离后场景对应的各屏幕正面视图

图 9 离轴投影效果图

在实际程序中，我们采用一个类似上面图像的场景进行渲染，取视点坐标为(80.0，-60.0，75.0)，渲染结果如图 10 所示。

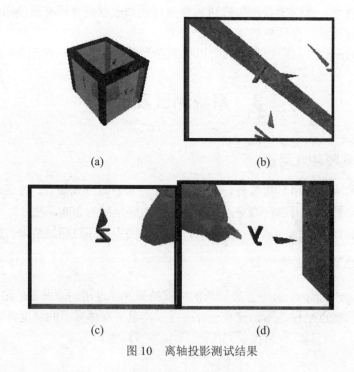

(a)　　　　　　　　(b)

(c)　　　　　　　　(d)

图 10 离轴投影测试结果

4 特色与创新

本项目的特色与创新可以从 3 个方面来概括：跟踪定位系统的设计、多屏幕立体显示技术、应用前景。

跟踪定位系统采用基于超声定位的方法。与传统方法的不同之处在于本项目是利用超声换能器产生的旁瓣信号，而非主瓣信号。另外，采用了红外同步机制，可以通过接收时间计算出被测点与分实验箱各顶点处的超声传感器之间的绝对距离，从而实现定位功能。整个跟踪定位系统具有成本低、原理易懂、精确度符合项目要求等特点。可以说，此方案的针对性极强，是为我们的项目量身定做的，很好的符合了嵌入式系统专用性强的特点。

本项目采用的多屏幕立体显示技术很好地解决了三维显示的观察角度的问题。首先本项目是利用 5 个屏幕的特殊空间关系，在每个屏幕上渲染与当前视角对应的三维场景，将屏幕组成的物理空间和虚拟的三维空间融合起来，实现了逼真的立体显示效果。不需要佩戴眼镜。其次，本项目通过跟踪定位系统实时定位观察者的视角，当视角发生变化时能够立即相应的改变每个屏幕上的内容，使观察者同样能看到应有的 3D 效果。

在传统平面显示的基础上，充分利用现有的三维场景生成技术，产生立体显示的效果，可以大大节约设备成本和设计难度。同时离轴投影技术的应用也给不同媒介上的立体显示的实现提供了可能。然而只支持单一观察者的特点也使得现有应用的发展更加偏向于个人化和小型化的应用场景。因此，将立体显示技术以一种相对简单的方法在嵌入式平台上加以实现具有一定的价值。

（指导教师：冯　辉　参赛院校：复旦大学）

评审意见：该作品利用视点跟踪和离轴投影技术设计实现了多屏幕立体显示，可以实时地在每个屏幕上渲染与观察者视角对应的三维场景，给观察者三维立体影像体验。测试表明，作品响应速度快，三维效果好，有应用推广价值。

视觉型自然交互系统
Vision-Based Natural Interactive System

史团委　徐新坤　姚　岚

摘要：本系统的目的是实现更自然的人机交互。系统采用激光笔模拟光标输入，蓝牙模块传输键盘指令，摄像头捕捉图像，实现了基于计算机视觉的虚拟输入；软件设计采用图像识别技术对激光笔进行识别和定位，无线通信技术实现激光笔的远距离操作，最终实现远距离、直观的人机交互。。系统经过测试运行稳定、功耗低、定位准确，有良好的人机交互功能，为培训或示范教学指导提供更方便快捷的交互形式，具有广泛的市场应用前景。

关键字：计算机视觉，激光，虚拟输入，人机交互

Abstract: In order to achieve more natural human-computer interaction，this system uses laser pointer to simulate the input of cursor，Bluetooth module to transmit the commands from keyboard，and web camera to catch image，and then achieve a vision-based virtual input. This system uses the image recognition technology to identify and locate laser pointer，wireless communication technology to achieve long-distance operations，and ultimately implement remote，intuitive human-machine interaction. The system has been tested to run stable, have low power consumption, accurately positioning，and good human-computer interaction function，which provides more convenient and effective interactive forms for training or demonstration and has a wide market prospect.

Keywords: computer vision，laser，virtual input，human-computer Interaction

1　系统概述

1.1　系统背景

随着社会的发展，大屏幕除了显示信息，还可以与用户进行交互，例如对屏幕上的内容进行标注或者操作，如果通过鼠标或者键盘来完成，既分散了听众的注意力，又影响了效率，同时加大了整个系统的运行功耗。而现有的远距离指示工具往往只具有单方面的指示功能而缺乏或者完全不具备交互功能。因此本课题旨在开发一种具有远距离交互功能的系统，使人机交互更加自然和方便，具有广泛的市场应用前景。

1.2　系统结构

本系统旨在以激光笔的激光信号模拟输入设备、具有 USB 接口的摄像头作为图像捕获传

感器和 LPD 光学投影机模拟视频输出设备、嵌入式开发板为计算设备实现一套具有完整虚拟输入功能，识别后能做出相应操作的人机交互系统，系统整体布置图如图 1 所示。

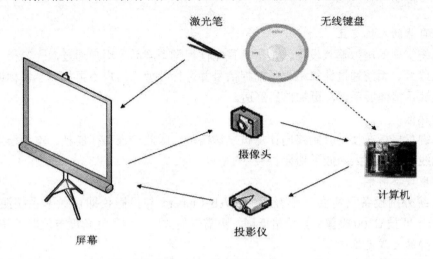

图 1　系统整体模型

嵌入式处理器将图像传输给投影机在屏幕上进行投影，形成投影区域。本文中在投影区域内的像素点称之为投影点，投影机上的像素点称之为物理点。用户通过激光笔发射激光到屏幕的投影区域内，若需要进行鼠标操作则触发激光笔上的按键发送无线信号到处理器，唤醒鼠标，嵌入式处理器根据收到的无线信号和识别到激光对应物理点的位置，实现相应的操作功能。

本系统的核心技术是图像识别技术，再配合虚拟输入技术。系统的总体框架设计如图 2 所示。本系统在 Windows 操作系统上，采用 OpenCV 计算机视觉库实现图像识别，再驱动响应操作，以此来完成一种基于虚拟现实的人机交互。即在一定距离内，识别激光光线在投影区域的动作而驱动一些平时需要使用鼠标才能完成的演示。整个系统的设计和实现分为软件

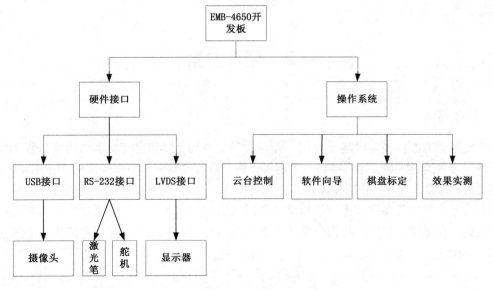

图 2　系统结构框图

和硬件两个部分。本文第二、第三部分将对系统的硬件和软件方案进行具体阐述。

1.3 系统特点

1. 更自然的人机交互

本系统实现的虚拟输入设备，是更具直觉性视觉型产品。用户通过激光笔指示屏幕产生激光输入信号。系统通过计算机视觉捕捉信号并进行处理。用户不再拘泥于鼠标或触摸屏的限制，能够尽情伸展手臂，更加自然舒适。

2. 功耗低

普通键盘鼠标在使用时始终向计算机发送信号，因此一直存在能耗。本系统采用中断方式进行无线唤醒，大大降低了功耗。

3. 实现设备简单

本系统外围设备只需要一个普通的 Web Camera 与投影仪即可。本系统演示用 Web Camera 采用罗技 C300 摄像头，价格低廉，不需任何改装，调整好角度方位即可使用本系统。

4. 准确的无线定位

本系统使用过程中，Web Camera 实时跟踪监测激光光斑的位置，只要蓝牙通信设备发送数据指令，系统就立即响应，并确定光斑的位置。

5. 更少的信息输入

本系统采用"不触发不工作"的方式，只用激光光斑模拟光标而系统并未响应的虚拟鼠标的工作模式，减少了系统的信息输入量。

6. 可扩展的工作协议

普通的鼠标只要两个或者三个按键，本系统可以根据需要扩展工作协议，设置更多按键，包括模拟键盘的上下左右、确认键，以及模拟鼠标的单击、双击键和两个功能模式切换键。

7. 可移植性好

系统通过开源的 OpenCV 来实现视频采集及图像处理，采用跨平台 QT 库提高程序的可移植性。

2 硬件方案

2.1 总体结构

系统硬件方案主要是以基于 Intel$^{(R)}$ Atom$^{(TM)}$ 处理器 Z510P 的 EMB-4650 系统板为核心，各个外围设备通过视频、通信接口与其连接。整个系统主要由五个部分组成：EMB-4650 嵌入式开发板，摄像头模块，投影仪模块，激光笔模块，控制终端模块。EMB-4650 开发板处于系统中心，各个外围设备通过系统的视频或者通讯接口与之连接。视频采集模块由架设在自制云台上的一台摄像机构成。投影仪是此系统的显示终端。激光笔及配套电路作为输入信号的设备。见图 3。

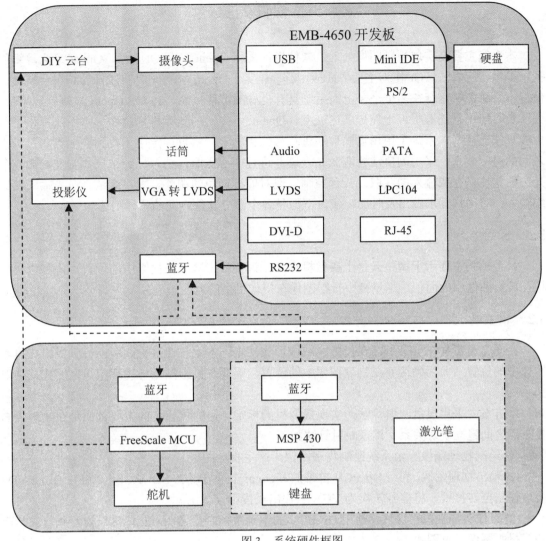

图 3 系统硬件框图

2.2 DIY 云台

系统中要求投影仪与 Web Camera 联体设计，在具体使用中不同的投影角度要求摄像机的视角也会不同，所以本方案设计了可通过无线蓝牙通信调整视角的 DIY 云台。

DIY 云台由舵机、Free scale MCU、电池组、RF 模块、Web Camera、幻灯托盘等组成。

2.3 控制终端

控制终端作为整个方案的输入部分，其由两部分组成：① 激光笔投射电路；② 信号唤醒电路（通过蓝牙通信方式）。10mW 的红色激光笔加 4 节纽扣电池组成了超低功耗激光投射电路。MSP430、RF、4*4 键盘组成了唤醒电路等控制终端。

3 软件方案

本系统主要是实现视频图像处理，软件设计采用 OpenCV 和 Qt 技术，OpenCV 为计算机视觉提供相应算法，Qt 作为主要界面应用程序框架。OpenCV、Qt 具有较好的跨平台特性，使得本系统能够运行在多个平台上，系统具有良好的可移植性。此外，OpenCV 执行速度快，关注实时应用，能够很好地完成实时交互，OpenCV 丰富的计算机视觉库为本系统提供了有力的算法支持。本系统采用棋盘映射法进行摄像机标定，棋盘标定用于找到物理点和投影点之间的对应关系；采用阈值法检测激光光斑并进行中心提取，结合标定结果，实现对激光笔光斑的定位，完成输入的获取；云台控制实现对舵机仰角的调整。本系统结合激光输入与无线输入，对用户需求做出及时的响应。下面是各个部分软件方案的具体阐述。

3.1 云台控制

云台控制主要用于调整云台上摄像机仰角，调整投影区域在投影中的位置，提高投影区域在投影图像中的面积，尽量减少投影图像在摄像机中的畸变程度。

3.2 棋盘标定

激光光斑投射在屏幕上，在投影区域内形成光斑。本系统通过检测可以得到光斑在投影图像中的位置，而为确认其在物理图像中的位置，需要在投影图像与物理图像之间建立映射关系。

本方案中采用棋盘映射算法，实现摄像机的标定。摄像机标定的主要目的是在物理点与投影点之间建立映射关系。棋盘映射算法如下：

(1) 绘制物理图像。由系统绘制物理图像，产生棋盘图像。

(2) 输出物理图像。利用 OpenCV 自带的 highgui 全屏展现 P_SOURCE，并将其通过 LVDS 接口输出至转接板，将信号转换为 VGA 后输出至投影仪显示。

(3) 摄像头捕捉投影区域。使用 OpenCV 的库函数控制摄像头对投影区域进行捕捉，从而获得投影图像，见图 4。

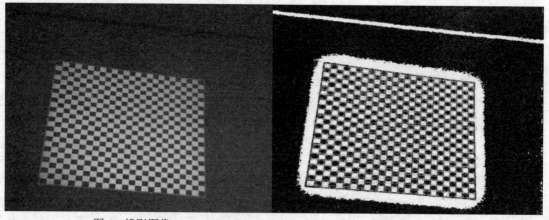

图 4 投影图像　　　　　　　　图 5 成功定位后的棋盘图像

(4) 图像二值化。图像二值化的主要作用为消除大部分背景,提高角点检测的准确度。直接对图像进行截断阈值化,会使有较照明梯度的图像损失部分角点。因此,采用了自适应阈值化,从而得到较为准确的棋盘格。

(5) 图像滤波。由于图像捕捉时即存在一定量的噪点,在图像二值化后,会在原先的基础上保留甚至新增部分噪点,为使之后的角点检测更为准确,采用了中值滤波的方式对图像再次进行去噪。

(6) 定位角点。对滤波后的图像,利用 OpenCV 中的函数 cvFindChessboardCorners()进行棋盘角点定位。如成功,则可获得产生的棋盘图像的内角点,即投影内角点(见图 5),然后转向步骤(7)。如果失败,则返回步骤(5),对图像再次滤波。多次滤波后仍然不能准确定位棋盘角点,则会向用户发出请求,重新标定,即返回步骤(2)。

(7) 产生映射图像。对于产生的内角点,首先进行线性扩充,使之覆盖所有角点。在获取所有角点之后,产生映射图像。映射图像常驻内存,作为坐标对应的表单,作为之后的投影点向物理点坐标转换的计算依据。

3.3 守护程序

系统在完成系统设置之后,将会最小化为托盘图标,成为守护程序(Daemon),系统在后台对用户输入进行监控。系统在 Daemon 时,主要状态有等待状态、工作状态。

本系统为达到节能目的,采用中断方式对用户进行响应。在一般情况下,系统处于等待状态。等待状态下,摄像头开启,但不进行工作。系统不进行任何的计算,整套系统处于低功耗状态。系统通过无线接收信号。无线检测到用户有输入时,及时开启系统,进入到工作状态。系统迅速响应,按顺序依次完成开启摄像头,捕捉图像,检测光斑,提取中心,并对用户需要进行及时响应。

本系统在 Daemon 下为用户提供了多种模式供选择。主要模式描述如表 1。

表 1 主要模式表

模式名称	主 要 特 点
跟踪模式	系统实时跟踪激光笔位置,并能及时响应
节能模式	系统能耗极低。在用户有输入时进行响应。约有 0.06~0.12sec 延迟
电影模式	在播放影音时使用,实现影音的快进、快退,音量调高、调低及影音的暂停
PPT 模式	在播放 PPT 时使用,实现 PPT 向前、向后翻页及标注等功能
涂鸦模式	在画板上使用,实现涂鸦功能
手势模式	单用户使用激光笔,通过对轨迹识别判断用户输入

4 系统测试

本系统在完成之后,进行了相应的响应延时测试,功耗测试,CPU、内存占用率测试,识别率测试以及抗外界环境干扰测试。测试的主要目的及方案如表 2 所示。

表2 系统测试目的及方案

测试名称	测试目的	测试方案
响应延时测试	测试系统响应速度	串口接收到同步信号,启动定时器,进而开启摄像头采集图像,并对图像做滤波等相关操作,从而对激光笔的输入焦点进行提取,并通知系统进行响应。判断定时器的间隔时间,作为本系统的延时数据
功耗测试	测试系统功耗	本方案中由于外设的功耗供电采用了不统一供电的方式,功耗测试采用分开测试,求平均综合的方案。注:功耗测试范围只包含摄像头、激光笔、控制终端
CPU、内存占用率测试	测试系统资源占用率	CPU占有率在统一平台上进行测试
识别率测试	测试系统使用性能	首先调整所有参数至系统认为最佳状态,打开激光笔固定方位照射至视频有效范围内。定时每隔50ms激光笔的控制终端向EMB4650发送左键响应请求,系统做出响应,并统计识别次数,每组实验激光笔发送500个有效请求,并且调整组间激光笔的焦点至新的位置,其有效响应为EMB4650中所能提取的激光笔的焦点的次数,其数值之差即为系统未能识别的请求
抗外界环境干扰测试	测试系统稳定性	在一天不同时间段进行测试,从8:00到22:00,每隔2小时进行一次测试

在实验室,根据之前测试方案分别对以上指标进行了测试。特别对其中响应延时,功耗,CPU、内存占用率等指标分别进行了等待状态和工作状态下的测试。测试结果如表3。

表3 系统测试结果

	等待状态	工作状态
响应延时测试	22.9ms	0ms
功耗测试	10mW	150mW
CPU、内存占用率测试	1%	10%
识别率测试	98%以上	
抗外界环境干扰测试	多种环境下均能达到99%以上	

从测试结果可以看出,本系统满足设计要求,运行稳定,识别率很高,同时抗外界干扰性较好。而且由于等待、工作状态的设计,大大降低了系统的功耗和资源占用率。

(指导教师:许 峰 参赛院校:河海大学)

评审意见:该作品选题新颖,通过摄像头采集投影屏幕上的激光笔光斑视频信息,借助光斑识别分离、位置测量、坐标比较、模式识别等处理,将使用者的操作意图判断提取出来,完成鼠标的功能,实现人机交互的目标。作品完成度较高,演示顺畅,有一定的实用参考价值。

感知交通——基于视频的
交通流特征参数监测及交通综合信息服务系统
Perceptual traffics—video based traffic flow parameters monitoring
and integrated traffic information service system

孙 浩　顾丽萍　顾 灏

摘要：道路交通流特征参数是交通安全管理、交通状况态势评估和决策的重要基础信息。本项目设计了一款基于视频的交通流特征参数监测终端。通过工业相机获取交通环境场景视频序列图像，利用图像处理和分析技术实时跟踪、分析运动车辆状态属性，建立实现实时监测运动车辆的轮廓参数（长和宽）、车辆行驶速度和车头时距等交通流特征参数的视觉测量模型，间接计算和决策交通流量密度、道路占有率等影响交通流的重要道路交通基础参数。各 ITS 终端实现互联互通，达到各 ITS 监测终端之间数据动态交换和共享，实现一种集交通诱导提醒、交通状况态势评估、决策和实时发布交通状态信息的广域分布式的交通综合信息服务平台。

关键词：交通流量特征参数，监测终端，视觉感知，图像分析

Abstract: Road traffic flow characteristic parameters are the important basic information for traffic safety management, traffic condition evaluation and decision. This project designs a video-based traffic flow parameters monitoring terminal. CCD cameras are used to capture frames in video sequences in traffic environment. Image processing and analysis technologies are used to track and analyze the vehicle condition in real time, and a vision measurement model is constructed to compute the traffic flow parameters, such as length, width, speed, distance between two vehicles, traffic flow density and occupancy ratios.. ITS terminals are inter connected and can achieve dynamic data exchange and sharing. It realized a wide-area distributed and integrated transport information system which synthesizes transport leading, traffic condition evaluation, decision and real time transport information release.

Keywords: traffic flow parameters, monitoring terminal, visual perception, image analysis

1 系统概况

随着汽车数量的迅速增长，道路交通流中各种车辆的独立性越来越小，即随机性变弱，规律性渐强。在现有交通资源下，导航仪在导航方面局限性凸显，无法实时报道或预测道路的拥挤状况。利用已布设在各道路环境中的监控摄像机资源，通过其提供的视频图像数据来感知道路交通流参数成为目前交通研究的重要课题之一。实时准确地获取交通特征参数信息

是实现智能交通疏导和交通综合信息服务的重要基础信息，也是为交通管理部门进行交通管理和交通规划提供决策依据的客观需求。

1.1 系统实现的主要功能

1.1.1 基于视频的交通流特征参数的测量

利用广域分布在各道路环境下的 ITS 监测终端实时获取车辆轮廓参数（车辆长和宽）、车辆平均速度（每车道）、车头时距（车辆的头部和下一辆车的头部通过同一断面所用的时间）、时间占用率（检测区域内有车辆通过的时间占总调查时间的百分比）、车道占用率、交通流量、按长度和宽度以及车辆垂直俯视的面积识别车辆类型（每车道）、车型分类及统计（每车道）。

1.1.2 各终端之间交通流信息的交换和共享

相邻 ITS 监测终端之间利用公网或专网，动态实时交换各自的交通流信息，形成局部交通流量预测、交通安全态势和交通拥挤状态评估，利用 GIS 技术，直观地反映各路段的拥挤状况。

1.1.3 可视化交通疏导信息服务

通过 ITS 监测终端扩展的无线调制解调模块，可将道路状态信息广播或组播于交通疏导显示牌；也可以通过 ITS 监测终端的 WLAN 通信接口将道路状态信息组播于行人或驾车人员的智能设备；也可以通过 ITS 监测终端的 3G 移动通信接口接收交管部门的交通管制紧急信息并分发于交通诱导显示牌和行人或驾车人员的智能设备。

1.1.4 基于事件的图像、视频流的记录

基于 RFID 技术识别特定车辆（通常是指肇事车辆和被盗车辆），并对其进行路线跟踪和图像、视频的记录。

1.1.5 强大的数据管理功能

系统采用 SQL server 作为数据库进行管理。对监测点的年、月、日曲线显示和数据报表显示，自动生成系统中监测数据的报表。

1.1.6 历史数据的调查和查询

系统可离线应用，对历史数据进行统计分析，供科研人员和交管部门技术人员作为交通状况调查的辅助功能，方便交通安全管理、交通状况态势评估和决策等重要基础信息的全天候搜集，并为交管部门进行交通管理、规划和决策提供依据。

1.2 系统特色及创新点

系统有如下特色及创新点：
(1) 使用基于 Intel® Atom™ 处理器的嵌入式平台，设计了一种道路交通流特征参数视觉感

知终端，本终端具有交通流特征参数感知、数据处理、控制、通信和信息交换和发布等功能和特点。

(2) 将各终端利用通信网络互联互通，在 GIS 平台下，构建了一种与道路交通网络一一对应的视觉感知网动态实时交换和共享道路交通流量特征参数。

(3) 基于道路交通流量特征基础参数，对道路交通局部拥挤和全局拥挤进行决策、管理和安全态势评估，并以多种方式共享和发布交通诱导信息。

(4) 系统可应用于离线或在线状态下，供科研人员和交管部门技术人员作为交通状况调查的辅助软件，方便交通安全管理、交通状况态势评估和决策等重要基础信息的全天候搜集。

2 系统方案

2.1 系统设计目标

系统设计目标如下：

(1) 使用基于 Intel® Atom™ 处理器的嵌入式平台，以视觉传感技术、视频图像分析技术、GIS 技术和网络通信技术为核心，设计一款集道路交通流特征参数感知、数据处理和数据发布于一体的道路交通流特征参数监测终端（以下简称 ITS 监测终端）。

(2) 各 ITS 监测终端之间利用公网或专网（交通部门的光纤环网、WLAN、Internet 和 3G）互联互通，采用 TCP/IP 标准协议实现各终端之间数据动态交换和共享，实现交通诱导服务、交通状况态势评估、决策和实时发布交通状态信息等实时的交通综合信息服务。

2.2 系统体系结构

针对交通流监测的实际应用，整个系统分四个层次。交通流特征参数信息采集层，交通信息传输、交换和共享层，交通管理和决策层，交通信息综合服务层。系统架构如图 1 所示。

2.2.1 交通流特征参数信息采集层

该层主要利用 EMB-4650 嵌入式工业处理板为核心，充分挖掘该板资源，设计了一款集多功能的监测监控终端（其结构如图 2 所示）。

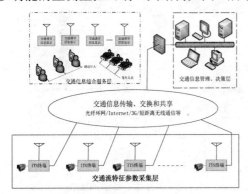
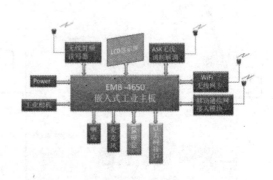

图 1　终端互联网络架构图　　图 2　ITS 交通流监测终端部署 ITS 终端硬件组成

各 ITS 终端采用视觉传感器实时获取道路图像信息,利用图像处理和分析理论和方法,实时处理、跟踪和分析车辆状态参数,建立视觉感知计算模型,监测车辆轮廓参数(长和宽)、车辆行驶速度、车头时距和车型等交通流特征参数,实现图像到数据的解译。ITS 终端通过网络通信接口接入公网或专网,对各道路交通流特征参数信息进行广域、分布式的获取、处理和发布。将这些测量数据自定义规范统一的数据包格式,提交给交通信息传输、交换和共享层,其软件架构如图3所示,系统软件界面如图4所示。

图3 软件架构

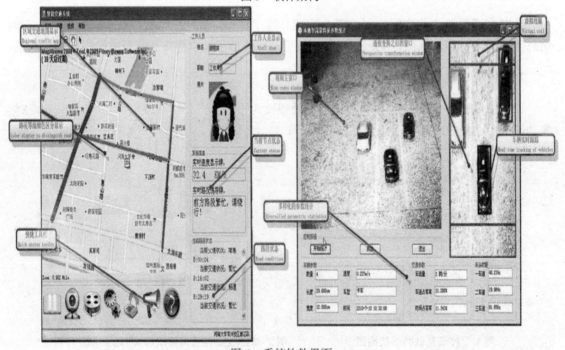

图4 系统软件界面

162

2.2.2 交通信息传输、交换和共享层

本层主要利用公网和专网实现 ITS 终端之间、ITS 终端与交通部门管理中心、ITS 终端与交通诱导系统、ITS 终端与车载信息终端、ITS 终端与行人携带的智能设备之间的信息传输、交换和共享。

2.2.3 交通管理和决策层

该层主要利用交通流基础参数计算道路交通局部和全局车流量、道路占有率间接参数和知识库来决策交通状况，结合 GIS 技术实现交通拥挤状况的可视化。同时，对交通部门实施交通管制提供辅助决策，交通状况态势评估、决策。

2.2.4 交通信息综合服务层

交通信息综合服务层主要利用交通诱导显示牌提供可视化的信息；ITS 终端利用广播或组播方式向车载终端提供实时交通状态信息；行人利用智能手机被动接收或主动查询交通状态信息。

3 图像处理关键技术

3.1 背景建模及车辆跟踪的实现

系统软件设计中图像采集、处理、背景估计和运动目标的提取均利用 HALCON 提供的函数库开发，具有开发周期短，跟踪效果好的特点，适用于摄像机固定为背景渐变的场合下运动目标的跟踪。

背景估计和提取的时候，为了提高处理的速度，对处理的图像先进行降低分辨率处理，即根据给定的比例缩小图像，在缩小的图像上估计背景和提取前景。用于背景估计的初始图片如果是完全静止的物体，不包括移动的目标，则背景的变化就完全是由于光照、噪声等因素引起，前景的自适应速度可以选择低一点；得不到干净的背景图片，则前景的自适应速度必须提高。根据视频流中跟踪目标具有一定大小的特点，可以选取一定面积的区域作为滤波特征，消除微小运动对提取车辆的影响，滤波后将目标区域用最小外接矩形跟踪运动物体。

3.2 交通流特征参数的测量

交通流量是指在单位时间内道路上行驶的车辆数量，它反映出车道的密集程度。交通流量是一个重要的参数，交通流量大的时刻往往是事故多发时刻，自然也就是车辆交通研究和交通管理的重点。当有车进入检测区域中时，开始检测跟踪车辆，当车辆刚要出检测区时，车辆数量增加相应的值，这样得到的车辆数量也就是系统所要检测的交通流量。流程图如图5所示。

对于其他交通流特征参数的测量也是采用类似的方法，这里不再赘述。

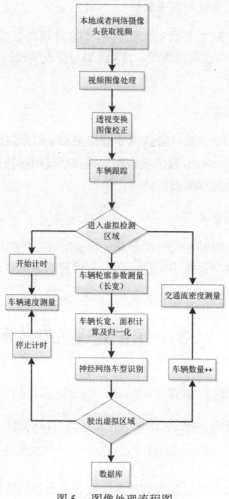

图 5 图像处理流程图

4 系统测试

4.1 实验室测试环境

当前共有车模数量四种,包括:编号 1:黑色宝马(1:24)21cm×8cm;编号 2:黑色奥迪(1:24)21.5cm×8cm;编号 3:银白色轿车(1:20)22.5cm×9cm;编号 4:卡车,车头红色,车体银白色(1:20)27cm×8cm。为了方便测试,对编号 1、2、4 的车模加装了调速电路。

实验室的地面为大理石地面,表面光滑,在早上和傍晚地面反光现象较强。测试区域选择为 0.8m×0.5m,虚拟线圈距离 0.8m。

4.1.1 实验室正常环境下车流量检测稳定性测试

测试内容：程序算法能够正确跟踪进入标记区域内的车辆的准确率。
测试次数：每种车模测试100次。
测试方法：不同车辆以不同速度多次进行测试，每次进入一辆车，改变车的速度和车型分别进行测试。
测试环境：时间9:30~11:30，阳光较强，高度9.8cm的车模阴影长度8.5cm。
测试结果（见表1）：

表1 实验室正常环境下车流量检测稳定性测试

车模编号	测试次数	正确跟踪次数	跟踪正确率	车型识别正确次数	识别正确率
1	100	100	100%	100	100%
2	100	100	100%	99	99%
3	100	97	97%	87	87%
4	100	100	100%	97	97%

测试结果分析：通过本项测试可以发现，在正常情况下对不同速度不同类型的车模均能够进行正确的跟踪和识别，在3号车模测试过程中由于没有加装调速装置车模速度较快，车模长度的计算比实际值明显偏大导致车型识别错误，而车模的速度最高也达到了3.2m/s，相当于实际速度276km/h，但这种情况在实际生活中不可能出现。在4号车模的测试过程中出现了跟踪区域偏小和跟踪为两辆车的情况，通过分析认为4号车模的车厢颜色为银白色且和有部分反光的地面颜色相近，另外车头车身颜色差别较大，所以导致以上情况出现。

4.1.2 车速对检测精度的影响测试

测试目的：测试车模速度对特征参数检测的影响。
测试内容：程序算法能够在正确跟踪进入标记区域内的不同车模速度的准确率。
测试次数：取其中一种车模测试100次。
测试方法：取4车模，分为三种速度，低速0.5m/s以下，中速1~2.5m/s，全速3m/s以上。
测试环境：时间15:00，实验室环境。
测试结果（见表2）。

表2 车速对检测精度的影响测试统计

车模速度	测试次数	正确跟踪次数	跟踪正确率	车型识别正确次数	识别正确率
低速	100	100	100%	100	100%
中速	100	100	100%	98	98%
全速	100	97	97%	89	89%

测试结果分析：经过对不同速度的测试，程序对车辆均能够有很好的跟踪，但在车辆速度过高时，车型识别就会产生出错现象。经分析，其原因在于速度过快时图像处理速度有所滞后所致。

4.1.3 车模的长宽检测精度测试

测试目的：测试算法对车模的长宽检测的精确度。
测试内容：统计程序对固定车模的车长车宽。
测试次数：取车模 1 测试 20 次。
测试方法：车模速度控制在 1m/s 左右，由程序自行统计车辆参数。
测试环境：时间 15:00，实验室环境，车模编号 1，车身长宽 21cm×8cm。

在实际测试时，车模的速度控制在 1m/s 左右，按照 1:24 的比例换算成实际速度在 80km/h 左右，正常城市道路交通的车速均在此范围内。计算可得，在此范围内宽度测量误差为 4.25%，长度测量误差为 2.28%，车型匹配准确率为 100%，但是结合前面的实验发现当车速过高时，长度的测量有所偏大，根据性能指标的要求，符合测量要求。

4.2 实际交通环境下交通流特征参数监测

实验地点：在江苏江阴某交通路段。现场安装支持 TCP/IP 协议的网络摄像机并接入 Internet，获取道路视频信息并以流媒体形式向客户端传输，客户选用工业计算机接受流媒体解压并处理获得各方面交通流参数。本实验设置为长 50m 和宽 8m 的检测区域，摄像机高度一般在 5～7 m，摄像头俯视路面，检测范围主要设置在摄像头的正前方。

通过实际试验，建立了不同气候条件下的交流量参数数据库，包括：车辆轮廓参数（长、宽和高）、车辆速度、本路段的车流量以及依据轮廓参数对非机动车、小客车、中客车、中货车、大客车、大货车分类。通过大量现场试验，车辆轮廓参数的测量平均误差小于 1%。取夜晚和雨天的 5 个时段，对交通流量进行检测。通过实验证实了基于机器视觉的交通流量的检测的准确度很高，在天气较好的白天，车辆检测率为 100%，没有误检测发生，而在夜晚和雨天，由于光线的影响，会发生漏检。

5 结束语

针对道路环境实际应用需求，依据交通流流体理论的空间和时间离散化数学模型参数求解为出发点，取得如下成果：① 在较为深入地研究背景建模的基础上，提出一种改进的具有一定自适应功能的高斯背景建模法；② 并采用基于透视变换的计算模型，建立车辆的几何尺寸的视觉测量模型，感知计算多视角下车辆的长度、宽度、车辆速度和车辆计数参数等，进而为间接计算道路占有率、道路交通流密度统计、安全态势评估及交通运输能力分析和简单的车型识别提供了可靠的基础参数信息。③ 通过实验室环境测试和现场实际测试验证系统的合理性和正确性，具有一定的实际应用前景。

（指导教师：张学武 参赛院校：河海大学）

评审意见：该作品采用基于 Intel® Atom™ 处理器的嵌入式平台，利用其进行实时图像采集和处理，通过建立车辆视觉测量模型及基础参数提取算法，对实时交通流特征进行预测估计，在此基础上实现交通流疏导和监控的目标。作品实现了车模模拟交通流监控的基本功能，具有一定的应用参考价值。

网络互动式肢体复健水平智能检测系统
Online Interactive Intelligent Examination System for Physical Rehabilitation

余 彧　钱 帆　庄 悦

摘要：本文就目前人们对肢体复健日益重视的趋势，提出了基于Intel® Atom™处理器的"网络互动式肢体复健水平智能检测系统"，从而尽可能避免放射性检查，以减少对人体带来的危害。系统通过视频智能识别与分析及各类传感设备动态采集数据，进行独特的参数智能化整合，形成针对病人肢体复健状况的个性化检测模式，实时生成康复报告。新颖的互动小游戏给复健过程增添乐趣。该系统支持网络功能，为病人的复健检测带来便利，具有较高的实用价值和市场前景。

关键字：肢体复健，视频智能识别，物理检测

Abstract: To address the increasing concern about physical rehabilitation, this paper presents the Online Interactive Intelligent Examination System for Physical Rehabilitation based on Intel® Atom™ processor, aiming to reduce the harm caused by radiological examination. Through intelligent video recognition and analysis, and the real-time data obtained by various sensors, the system integrates the parameters intelligently, customizes the examination according to the physical rehabilitation state of the patient, and generates the rehabilitation report in real time. What's more, the innovative interactive game makes the patients enjoy the process. This system also supports the network, which makes the interaction between patient and doctor more convenient. This system is of high practical value and market prospects.

Keywords: Physical Rehabilitation, Intelligent Video Recognition, Physical Examination

1 概述

本网络互动式肢体复健水平智能检测系统针对患有肌肉拉伤、肌肉萎缩、关节损伤、脑瘫等需要肢体复健的病人在康复阶段提供辅助治疗及物理检测。该系统具有复健运动参数智能检测、复健运动参数智能模式匹配、基于视频智能识别与分析的复健运动监控、多样本病例分析等十大主要功能。集智能性、便携性、趣味性于一体，帮助病人更好更快地恢复健康。

系统功能结构见图1。

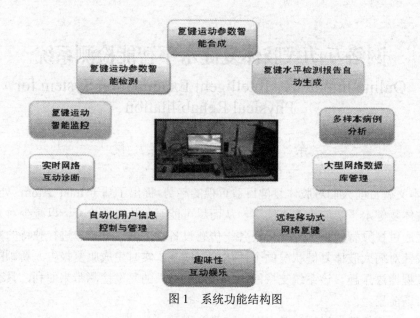

图 1　系统功能结构图

2　系统方案与特色

2.1　系统方案

本网络互动式肢体复健水平智能检测系统在智能性的设计上给出了运动信息采集方案,利用多种传感模块进行信息采集、处理,得出病人的复健信息,包括速度、加速度、角度、力度等。经过智能参数模式匹配,系统智能地为病人的后续复健计划作出动态调整。蓝牙无线传输模块和RFID模块的开发提高了系统的灵活度。利用视频智能识别技术对复健动作的规范性加以监控,对不规范的动作加以矫正。在便携性的设计上,给出了远程移动式设备网络解决方案,使得远程用户不仅可以连接到大型远程数据中心还可以进行实时网络互动诊断。融入了趣味互动小游戏消除复健训练的乏味性。在界面的设计上将具有管理数据库功能的医生端与病人使用的用户端分离,限制用户对后台数据库的使用权限,提高数据库的安全性。

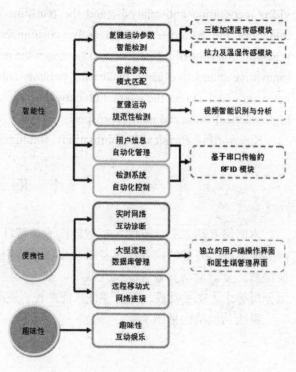

图 2　系统方案框图

2.2 系统特色与创新

系统具有以下的特色和创新：

(1) 本网络互动式肢体复健水平智能检测系统创意新颖，利用各种物理信息对病人肢体复健水平进行检测，无放射性，无副作用，安全、可靠，在医学上有很大科研价值和实用价值。

(2) 高度智能化的复健水平检测系统具有复健运动参数智能检测、复健运动参数智能模式匹配、复健运动视频智能监控等智能化设计，多方位全面检测肢体的复健水平。在病人完成复健训练后，动态调整病人的复健疗程和强度并给出复健建议，帮助病人更快更好地恢复健康。本系统为国内首创，有很大的市场前景。

(3) 自主开发了多种硬件设备对肢体复健运动信息进行采集，并使用无线蓝牙传输。硬件精简小巧，贴合嵌入式设计理念，专用性强，便捷性好，灵活度高。同时系统采用视频智能识别与分析，辅助病人矫正不良的训练姿势，多方位判断肢体的康复状况，集图像采集、语音交互、网络传输、智能处理等先进技术于一体，技术含量高，可靠性强。

(4) 专为远程用户设计的网络功能，使病人可以足不出户进行复健检测。通过网络互动交流平台，医生可以实时对病人进行诊断，大大提高了系统的人性化。

(5) 独具匠心的足球小游戏，反映出病人的肢体复健水平，具有互动性、娱乐性，消除了传统复健训练的枯燥、乏味。

3 系统总体设计

整个网络式智能检测系统主要包括智能终端设备、远程数据中心、医生端PC机。医生端PC机通过局域网链路与数据中心保持连通性，随时访问数据库。总体构架如图3所示。

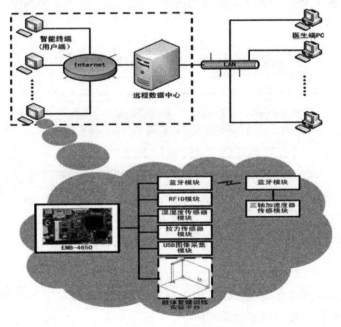

图3 系统总体构架

3.1 系统硬件总体设计

如图4所示，整个硬件系统以基于Intel® Atom™ 处理器的开发平台为基础，通过USB、COM、DVI-D、Ethernet等各类丰富的外设接口扩展出各个模块从而实现对病人在做复健训练时肢体运动参数的实时采集以及对动作规范性的判断。

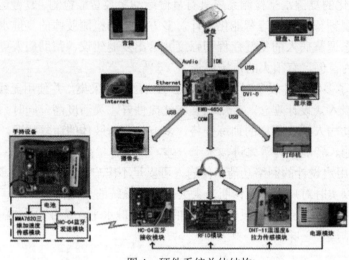

图4　硬件系统总体结构

3.2 智能检测系统软件设计

本智能检测系统的软件采用Windows XP操作系统，在图形界面设计上选用VC++6.0作为开发工具。

如图5所示，整套软件的设计主要分为四个层次，自下而上分别为硬件层、终端层、应用层、系统层。

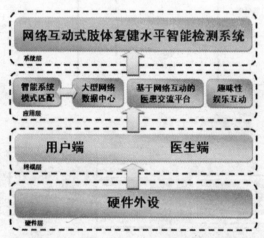

图5　系统软件总体构架

在设计时，专为本网络互动式肢体复健水平智能检测系统编写了"用户端"和"医生端"两个独立的软件。用户端软件构架如图6所示。

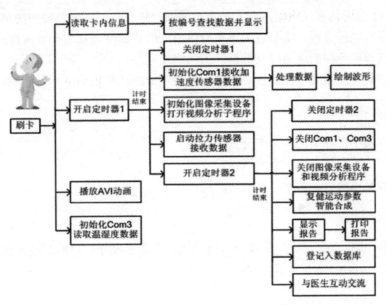

图 6 用户端软件流程框图

4 系统功能测试与分析

4.1 系统完整实验平台介绍

本网络互动式肢体复健水平智能检测系统针对手臂的复健训练搭建了实验平台，各部件如图 7 所示。

图 7 手部复健训练平台实物图

4.2 实验测试内容与测试方案

4.2.1 实验测试内容

(1) MMA7260QT 三维加速度传感模块采集的数据。

171

(2) DHT-11温湿传感及电阻应变式拉力传感器模块在不同温湿环境中的测试数据。
(3) 对于视频捕捉分析，实验者的手臂给以不同的弯曲度，视频和语音提示的测试结果。
(4) 医生端和用户端的通信以及数据库的网络连通性。
(5) 对于参数智能模式匹配模块，测试不同参数下的匹配正确度和可靠性。

4.2.2 实验测试方案

(1) 测试终端平台各个模块工作是否正常。
(2) 视频智能识别与分析效果测试。
(3) 智能检测系统各个部分的连通性测试。

4.3 实验测试设备

智能终端、实验平台、直尺、秒表、电吹风、水银温度计、TDS 220示波器、GPS-4303稳压电源、MPLAB ICD2仿真器、GSOU T61摄像头。

4.4 实验测试结果与分析

4.4.1 实验测试结果

1. 终端平台测试

测试结果如表1~表3以及图8所示。

表1 拉力传感器数据测试

弹簧拉力计数值 / kg	2.0	3.0	4.0	5.0
实际测得数值 / kg	2.11	3.07	4.07	5.12

表2 DHT-11温湿度传感器数据测试

条件	正常室温下（28度）	18度恒温下	38度高温下
实际测得温湿度数据	28度 68%	18度 60%	38度 50%

表3 智能模式匹配模块测试

复健部位	匹配前强度	平均速度 / cm·s^{-1}	平均最大角度 /°	平均最大力度 / kg	病人体验感觉	匹配后强度
肌肉	中	25	>90	2.9	轻松	高
肘关节	中	21	>90	2.5	轻松	高

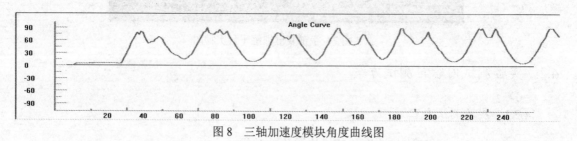

图8 三轴加速度模块角度曲线图

2. 视频智能识别与分析效果测试

测试结果见表4～表5。

表4 光照的影响情况测试

条件	白天光照环境	夜晚日光灯环境	灰暗环境，严重缺乏光照
目标检测与模式识别情况	10次都能正确检测与识别	10次都能正确检测与识别	10次都无法检测与识别

表5 肢体运动速度对模式识别算法的影响测试

肢体运动速度	慢	较慢	较快	快
模式识别情况	10次测试9次识别正确	10次测试都识别正确	10次测试都识别正确	10次测试9次识别正确

4.4.2 测试结果分析

终端平台：加速度传感器数据较准确、DHT-11温湿度传感器数据准确、拉力传感器数据准确。模式匹配模块匹配正确，各模块均工作正常，实时性强。

视频智能识别与分析效果：除了极端灰暗环境光照严重缺乏的情况下，视频智能识别与分析效果良好，并能够实现语音交互。

智能检测系统连通性：整套系统网络及数据库连接均正常，实时交互平台通信正常，整个系统运行可靠、稳定。

5 总结与展望

网络互动式肢体复健水平智能检测系统集成了智能检测、智能控制、智能评估、视频识别、网络互动等功能于一体，以辅助肢体残障人士复健并进行检测为中心融合了各方面的功能，涉及RFID无线射频识别、视频智能识别与分析、传感技术等多方面技术领域。本智能检测系统以避免放射性检查减少对人体的伤害为目的，提出这样一个绿色的复健理念，不仅创意新颖，而且操作简便，更体现了对残障人士的关怀。

随着通信技术和生物医学的发展，智能检测系统的各方面功能将更加完善和深入，在肢体功能性检查中起到主导作用，最终通过长期临床测试与验证，使这个物理参数体系形成一个通用的肢体复健水平检测标准，逐步替代放射性检查，使肢体残障人士的复健更安全、更便捷。

（指导教师：陆小锋 参赛院校：上海大学）

评审意见：系统通过视频智能识别分析及各类传感设备动态数据采集技术，进行参数智能化整合，形成对病人肢体复健状况的检测模式，实时形成检测报告。系统支持网络功能，使远程用户可进行实时互动诊断。

多功能自动定位测量分析仪
Multifunctional Automatic Positioning Measurement Analyzer

王 涛　王 莹　邓昌明

摘要：本系统基于 EMB-4650 嵌入式平台和 Windows Embedded Standard 2009 操作系统，采用自行设计的信号采集和信号产生板卡，运用数字信号处理、小波分析、机器视觉、语音识别与合成、浏览器远程控制等技术构建了一个多功能自动测量分析仪。该系统实现了示波器、频谱分析、信号源、扫频仪、短时傅里叶分析、小波分析、语音交互、远程控制、图像自动定位测量等多种信号分析和测量功能，为测试人员提供了高效的解决方案，在测试测量领域具有较高的实用价值和广阔的应用前景。

关键词：信号采集，信号产生，图像定位，远程控制，语音交互

Abstract: The system is based on EMB-4650 embedded platform and Windows Embedded Standard 2009 operating system, and we designed signal acquisition and signal generation expanded board. The system employs digital signal processing, wavelet analysis, machine vision, speech recognition and synthesis, and remote control technologies to build a multifunctional automatic positioning measurement analyzer. It realizes multiple functions including oscilloscope, spectrum analysis, signal source, frequency sweeper, short time Fourier analysis, wavelet analysis, speech interaction, remote control, automatic positioning measure and other signal analysis and measure capabilities for testing. It provides an efficient solution in the test measure field and has high practical value and potential applications.

Keywords: Signal acquisition, Signal generation, Image positioning, Remote control, Speech interaction

1　系统概述

随着电子信息技术的高速发展，测试与测量已经是当今工业生产中不可或缺的一环，从产品的方案论证到方案实施，从组件的生产到系统的集成，测试测量分析仪在其中占据着非常重要的作用，测试仪器测出的性能指标是作为产品设计和验证其合格性的重要依据。测量的效率和准确度更与产品的生产效率和质量控制有着密切的关系，因此构建一个高效智能准确的测试系统是当今工业测试测量领域的发展趋势。

信号检测和分析一般分为两方面：信号采集和信号产生。传统的测量仪器往往将这两大功能由两个独立的设备来完成，不利于便携式应用。同时，随着电路系统设计的复杂性和集成度的大规模提高以及半导体技术的飞速发展，电路系统设计和测试变得日益复杂，给电子

测试工程师带来了巨大的挑战，因此一套高效完善可靠的自动测试平台必然为测试工程师效率的提升带来质的飞跃。

本系统从测量领域功能完善性出发，依托 Intel® Atom™ 处理器强大的处理能力和 EMB-4650 平台丰富的硬件资源，构建了一个集信号采集与产生于一体的多功能自动测试系统，并创新性地利用语音识别与合成技术实现了人性化的人机交互控制，并且通过网络浏览器实现了异地远程控制，使得测试人员不必一直在测试台前就可以轻松控制远程测试仪。本系统具体实现了数字示波器、频谱分析仪、扫频仪、常用信号源、短时傅里叶分析、小波分析、语音控制、远程控制、图像自动定位测量等功能，真正在一个平台上构建了一个完整的多功能自动测量分析仪。

1.1 系统总体结构

本系统是一个集多种功能于一体的模拟信号测量分析仪，系统主要由嵌入式平台 EMB-4650、自行设计的信号产生和采集扩展板卡、自动测量平台组成，系统总体结构如图 1 所示。

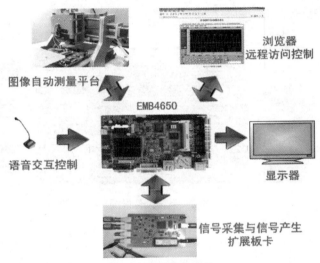

图 1 系统总体结构

1.2 系统功能

整个系统实现了双踪数字存储示波器、频谱分析、信号源、扫频仪、短时傅里叶分析、小波分析、自动测量、远程控制等多种信号测量和分析功能。

2 系统方案

本作品采用 EMB-4650 嵌入式平台作为系统硬件控制核心，外扩 FPGA 信号采集和信号产生测试仪板卡，基于 Windows Embedded Standard 2009 嵌入式操作系统，开发实现系统图形用户交互界面和信号分析功能。系统总体结构框图见图 1。测试仪板卡主要完成 DDS 信号的产生和双通道高速 AD 同步采样，并通过 USB 2.0 高速接口实现与嵌入式主板的数据传输和通信。图像自动定位测量平台主要完成测试点的自动定位及测量,其先通过 USB 摄像头采集图像并进行一定的图像处理后计算出预设测试点坐标,然后将处理结果通过 LPT 发送命令字控制定位测量系统到达目标坐标点。在测量过程中本系统还采用了语音识别与合成技术实现了语音交互,同时还实现了 IE 远程控制,即同一局域网内人员可以通过浏览器远程访问并控制测量系统。

2.1 系统硬件方案

系统硬件主要由三部分组成,EMB-4650 嵌入式主板、测试仪板卡、自动定位测量平台。EMB-4650 嵌入式主板作为测量系统的主控器,分别通过 USB 接口和并口与测试仪板卡和自动测量平台相连接,测试仪板卡用于产生和采集信号,自动测量平台用于图像定位测试点。整体硬件框图如图 2 所示。

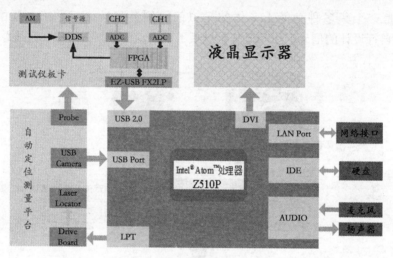

图 2 系统硬件框图

2.2 系统软件方案

系统整体软件框图如图 3 所示。本系统使用 Windows Embedded Standard 2009 操作系统,以 LabVIEW 2009 作为用户交互界面的开发平台,Visual Studio 2008 作为语音客户端、USB 驱动的开发平台。系统软件主要实现包括数字示波器、信号源、扫频仪、语音交互、频谱分析、短时傅立叶分析、小波分析、远程访问、图像定位自动测量等功能。

图 3 系统整体软件框图

3 系统测试

3.1 示波器测试

信号源采用测试仪板卡上的 DDS 信号源。为方便数据导出,对照示波器为安泰信 ADS1302CE(300MHz,2GSa/s)。测试结果如图 4 所示。左边为安泰信示波器测试结果,右边为本系统示波器测试结果。

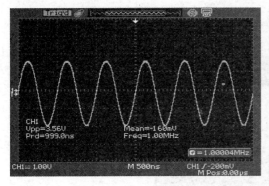 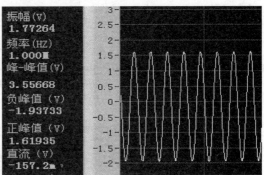

图 4　1MHz 正弦波对照图

3.2 信号源测试

利用 HP 示波器分别测量信号源不同频率下输出信号的峰峰值（V_{pp}）和直流偏置(V_{avg}),并与信号源输出信号幅度（V_{Am}）和直流偏置（V_{avg}）作比较,测试结果及误差分析如表 1 所示。

表 1　信号源测试结果及误差分析

Frequency	HP 54610B		DDS signal source		Error	
	V_{pp} / V	V_{avg} / V	V_{Am} / V	V_{avg} / V	Amplitude /%	DC /%
10kHz	4.437	1.256	2.15824	1.2559	2.716	0.008
100kHz	4.281	1.274	2.07408	1.24946	3.103	1.926
1MHz	3.969	1.098	2.16139	1.07607	4.794	4.318
10MHz	1.531	-1.906	0.834093	-1.99495	0.628	4.667

3.3 扫频仪测试

扫频仪测试对象为简单的一阶 RC 低通电路,$R=1.2KΩ$,$C=200pF//105pF$。由 $f_L=1/2\pi RC$ 可得,理论 3dB 截止频率为 434.849kHz。测试结果如图 5 所示。

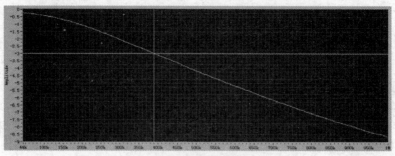

图 5 扫频仪测试结果

3.4 远程控制测试

经过测试，在局域网内可以多台电脑同时访问仪器，多个用户交替拥有控制权限。在浏览器地址栏输入"http://scu/ThinDSO.html"，可以看到如图 6 所示的页面。

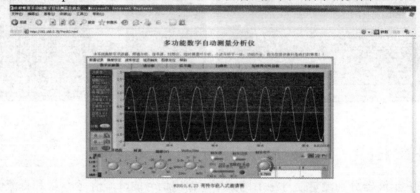

图 6 远程控制测试

3.5 图像定位测试

测试结果如图 7 所示，左图为选择测试点图，红色方形中心为待测点（箭头所指处）；右图为实际探针走位图，较亮的发光区域为探针实际走位点（箭头所指处）。

图 7 图像定位测试结果

4 特色与创新

本系统结合了测量领域先进的控制技术，实现了一个基于 Intel® Atom™ 处理器的便携式多功能自动定位测量仪，在软硬件设计、性能上都有突出的特色。

1. 集多种信号分析工具于一体，硬件集成度高，成本低廉

充分利用了 Intel® Atom™ 处理器体积小，处理能力强的优势，实现了一套便携的多功能测量分析仪器，克服了传统仪器功能单一、价格昂贵的缺点，集成了信号源和常用的信号分析工具，增加了传统分析设备所没有的短时傅里叶分析和小波分析功能，具有时域、频域、时频分析功能。

2. 精简稳定可靠的操作系统

采用可裁剪的 Windows Embedded Standard 2009 操作系统，去掉了庞杂的不常用组件，提高了系统运行速度，降低了对硬件的要求。并且使用 HORM 技术实现系统的快速启动。还采用 EWF 技术实现对系统软件和存储介质的保护。

3. 图像自动定位测量

克服了用户因手抖动导致的误操作、长时间的测试造成手酸眼乏以及不易人工操作的场合等问题，借助图像处理技术，自动定位探头到测试点。效率高，操作简单，弥补了普通测试分析设备自动化程度低的不足。

4. 远程测量控制

系统融合了网络远程控制技术，构建了一个开放的系统，多个用户可以同时通过浏览器实现远程访问并控制该仪器，进行交互，该技术体现了现代化测试仪器的发展趋势。

5. 人性化的语音交互

用户在手工繁忙时可开启语音功能，只要说出需要了解的信息，如振幅、频率等，便可通过音箱报出相应信息，提高了效率。

6. 紧贴社会需求

本系统成本低，功能齐全，满足教学科研所用，在一定程度上有助于解决基础实验设备缺乏问题。

（指导教师：植 涌 参赛院校：四川大学）

评审意见：本系统基于 EMB-4650 嵌入式平台和 Windows Embedded Standard 2009 操作系统，自行设计信号采集和信号产生板卡，完成了示波器、频谱分析、扫频仪等虚拟仪器的功能，并可通过网络进行远程监控和测量。

Video Conferencing System – Focus to Speaker

Ding Qian, Lam Ka Chun, Li Yan Kit

Abstract: Video conferencing is becoming popular in multinational companies. Focusing to the one speaking among the group can help to deliver messages clearer. Therefore, we planned to use Intel® Atom™ processor based embedded platform to build a low-cost and convenient video conferencing system. Voice activated switches are used to signal the system who is speaking and two IR cameras are used for positioning. With the result, our system can control a PTZ camera accordingly to focus to the speaker. The camera can stay focus to one speaker and follow his/her motion.

Keywords: Video conference, PTZ camera, IR camera, Voice activated switch

1 Introduction

Video conferencing is commonly deployed in International companies. Sometimes, meeting can be held between departments and a group of staff would be involved. Including all in the camera would not be possible and focusing to the speaker can help to improve the communication. Therefore, we are using the Intel® Atom™ processor based embedded platform with two IR cameras and one PTZ camera to provide a low-cost, convenient system which can spot out the speaker and do zooming accordingly. The system can determine whether there are more speakers and if so, zooming out to include every speakers when necessary. The system is shown in Fig. 1.

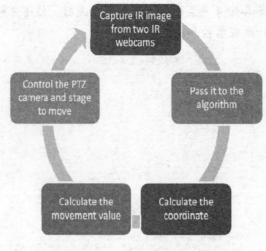

Fig. 1 System overview

2 Designs and Implementation

2.1 System schema

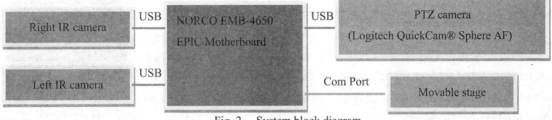

Fig. 2   System block diagram

2.2 Function of components

2.2.1 Voice activated IR LED switch

The voice activated switch (see Fig.3) is a small and wireless device which can be clipped on the speaker. When someone speaks, it will trigger the switch to turn on the IR LED. The IR LED emits infrared and will be captured by IR cameras.

Fig. 3   Voice activated IR LED switch

2.2.2 The IR cameras

One IR camera places in left and the other places in right. They will capture picture in size 640x480 in an interval 300ms. By adding IR filter, the image will only have two colors, white for infrared and background is black. When the speaker speaks, those IR cameras will capture a white spot with a black background. Not only detect which one speaks, we can also use the images to find out the distance between the PTZ camera and the speaker by geometry calculations. The picture captured by IR cameras is shown in Fig. 4.

Fig.4   IR camera's picture

2.2.3 The PTZ camera

It is a simple webcam that can move (see Fig.5). After the calculation, we will get the coordinate and distance between the PTZ camera and speakers. The coordinates are used to control the pan and tilt value. And, the distance is used to control the zooming value. When there are more than one people speaking, we decide to find the left-most and right-most spot and find the mid-point of them. About the distance, we choose the shortest one. Then, we can apply this new point to the algorithm and find the control value of the PTZ camera.

2.2.4 Movable stage

When we detect the speaker is near the margin of viewing area of two IR cameras, the stage would rotate to put the speaker at the center of the photo. This can make sure our system can determine his/her position no matter where he/she moves to.

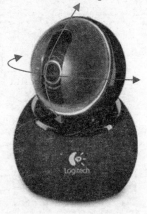

Fig. 5 PTZ camera

2.3 Software part – the algorithm

2.3.1 Control flow diagram

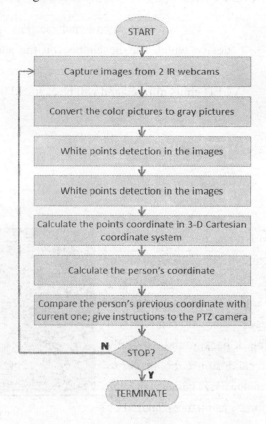

Fig. 6 Software flow chart

2.3.2 Detect white point in IR image

The procedure to detect white point in IR image is as follow:

Step 1: After we get the IR image, we convert the color picture into black-white picture. After the convention, the image becomes a 1 channel, 8-bit color value image. The color value is an integer within the range [0, 255].

Step 2: Find most black/white points and set the black/white limit to the point's color value by doing image traversal. We define them as blackLimit and whiteLimit. If we find the difference of blackLimit and whiteLimit is very small, we treat there is no white point in this picture.

Step 3: Each pixel's color value of a white point on the image will have small difference with the whiteLimit. So to judge whether a pixel is black or white, we set an EPS first and if the difference of the pixel's value with whiteLimit is smaller than EPS, we treat this pixel as part of a white point. Then we can perform the depth-first-search to search all the white pixels. Then, find out the center.

Fig.7 is the sample picture and the detection result.

(a) Captured Image   (b) After Detection

Fig.7 Sample picture and the detection result

2.3.3 Calculate the 3D coordinate of the point

In this step, we need to convert 2-D coordinate in the detected image into 3-D coordinate. First please see the geometry graph shown in Fig. 8.

- First we build a 3-D Cartesian coordinate system, see Fig. 8. We put one IR webcam on z-axis W_1 (0, 0, H), the other one on the same height and lies on xz-plane W_2 (D, 0, H).
- Then, we assume that the speakers stand at the position which has positive y-axis value coordinate. ABCD is the picture captured by W_1. So W_1-ABCD is a rectangular pyramid. N is the center of rectangle ABCD. WN is a normal vector of plane ABCD. Suppose P is the white point we detect in the picture. The target is to calculate the vector W_1P.
- Before the calculation, we define some parameters to be used later.

(1) Angle θ is the angle to place the IR webcams, see Fig.9.
(2) Angle α is the half angle of the webcam's sight angle, see Fig. 9.
(3) Coordinates of point P(px, py) in the picture(Fig.8). px means the distance to AB and py

means the distance to AD.

4) Coordinates of point Q(qx, qy) in the picture (Fig.8). qx means the distance to AB and qy means the distance to AD.

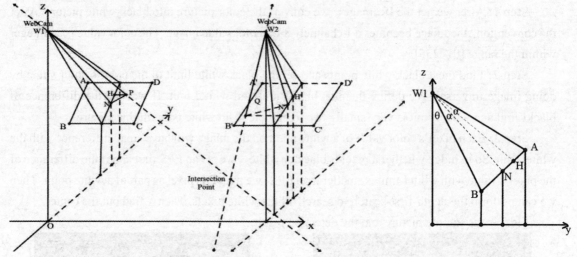

Fig. 8　Coordinate convertion　　　　　　　　　　Fig. 9　Some parameters

- Calculate vector W_1P:

Step 1: Compute center N's coordinate.

$$\tan\alpha = \frac{AN}{WN} \quad \therefore \quad WN = \frac{AN}{\tan\alpha}$$

$$\therefore N = (0, WN\sin(\alpha+\theta), H - WN\cos(\alpha+\theta))$$

Step 2: Compute the coordinates of H,

$$PH \perp NH, \quad WH = \sqrt{WH^2 + HN^2}$$

Let $\angle NWH = \beta = \tan^{-1}\dfrac{NH}{WN}$

$$\therefore H = (0, WN\sin(\alpha+\theta+\beta), H - WN\cos(\alpha+\theta+\beta))$$

Step 3: Compute the coordinates of P.

$\because WN \perp ABCD \quad \because WN \perp PH$ and $\because NH \perp PH \quad \therefore PH \perp YZ$ plane

$$\therefore P.y = H.y, P.z = H.z$$

$$\therefore P = (px - \frac{AD}{2}, WN\sin(\alpha+\theta+\beta), H - WN\cos(\alpha+\theta+\beta))$$

Step 4: Compute the vector W_1P

$$\because W_1P = (P.x - W_1.x, P.y - W_1.y, P.z - W_1.z)$$

$$\therefore W_1P = (px - \frac{AD}{2}, WN\sin(\alpha+\theta+\beta), H - WN\cos(\alpha+\theta+\beta)$$

- Calculate vector W_2Q is similar to calculate W_1P. Only difference is at step 3 and 4. We need to take the webcams distance D into consideration.

$$\therefore Q = (D + qx - \frac{AD}{2}, WN\sin(\alpha+\theta+\beta), H - WN\cos(\alpha+\theta+\beta))$$

$$\therefore W_2Q = (qx - \frac{AD}{2}, WN\sin(\alpha+\theta+\beta), H - WN\cos(\alpha+\theta+\beta))$$

2.3.4 Calculate the intersection point

Now we calculate their intersection point between lines W_1P and W_2Q.

Step 1:

For line W_1P, its line equation is $\dfrac{X - P.x}{P.x - W_1.x} = \dfrac{Y - P.y}{P.y - W_1.y} = \dfrac{Z - P.z}{P.z - W_1.z}$

For line W_2Q, its line equation is $\dfrac{X - Q.x}{Q.x - W_2.x} = \dfrac{Y - Q.y}{Q.y - W_2.y} = \dfrac{Z - Q.z}{Q.z - W_2.z}$

Step 2:

Let $\dfrac{X - P.x}{P.x - W_1.x} = \dfrac{Y - P.y}{P.y - W_1.y} = \dfrac{Z - P.z}{P.z - W_1.z} = t$

$$\therefore X = t(P.x - W_1.x) + P.x \tag{1}$$

$$Y = t(P.y - W_1.y) + P.y \tag{2}$$

$$Z = t(P.z - W_1.z) + P.z \tag{3}$$

Step 3:

Replace X, Y, Z in W_2Q's line equation with (1), (2), (3) then solve the linear equation system. If there's an intersection point, this linear equation system will have a unique solution **t**. Then by substitution t in (1), (2), (3), we can obtain the intersection point(X, Y, Z).

2.3.5 Control the webcam's movement

Finally we are going to control the PTZ camera. In Fig. 10, C is the position of the PTZ camera, A is the previous point of speaker, and B is the current position of speaker. So the direction of the camera's movement is vector AB. And now we spilt it into horizontal and vertical movement.

For horizontal movement, Fig. 11 shows the projection of A, B, C points on the plane x-y. We can easily compute the angle γ by the definition of dot product of two vectors C'A' and C'B'. And then we tell the camera to turn left/right γ degree.

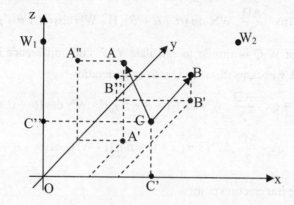

Fig. 10　Webcam's movement control

For vertical movement, Fig.12 shows the projection of A, B, C points on the plane y-z. Also, we compute the angle δ by dot product definition of two vectors C"A" and C"B". Afterwards, the program gives instructions to the PTZ camera to turn up/down δ degree.

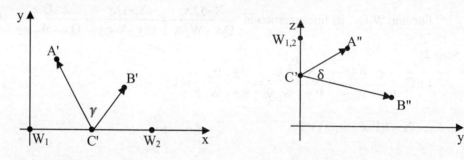

Fig. 11　Horizontal movement compution　　　　Fig.12　Vertical movement compution

For zooming. The criteria relates to the distance towards the PTZ camera and how many people are saying together. Apparently, zooming coefficient is proportional to the distance and inversely proportional to the number of speakers at the same time. Because when many people are speaking together, we need to zoom out to see all the people. Following is the procedure to get the zooming coefficient.

Let Z be the zooming coefficient, $Z \in [100, 400]$, and is integer. Also define E as the effective distance we can capture the picture. N as the distance we do not perform any zooming, and W as the width of a speaker's body.

If there is one speaker, we define D as the distance to the camera, so we have

$$Z = \frac{D-N}{E} \times 300 + 100$$

If there are multiple speakers, define D as the minimal distance from one of the speaker to the camera. And define L as the width from leftmost speaker to rightmost speaker.

$$Z = \left(\frac{D-N}{E} \times 300 + 100 \right) \times \left(\frac{W}{W+L} \right)$$

If $Z < 100$, $Z = 100$; else if $Z > 400$, $Z = 400$.

3 Test plan and results analysis

3.1 IR camera

The experiment procedure to find out the viewing angle of the webcam is as follows:
1. Draw two straight lines on the paper
2. Measure the distance between two lines
3. Stand the paper up
4. Place the webcam in front of the paper and in the middle of two lines
5. Move the cam away from the paper until the lines at the two extremities of capture area
6. Mark the location of cam and measure the distance
7. Use simple geometry, we can find out the viewing angle

Results is shown is Table 1. And we can find the viewing angle of webcam is $(48.9+50.2+49.3)/3 = 49.5°$.

Table 1 Experiment results

	1	2	3
angle	48.9°	50.2°	49.3°

3.2 Point detection

Since the pictures captured by the IR webcam is nearly black and white pictures. So the easiest way to detect the white point is just to do traversal of the image pixel by pixel. If the color of that pixel is white, mark it as a white pixel. Else mark it as black. And finally get these white pixels together to draw a white point. What we need to test here is the definition of "white" pixel. Following is three plans.

Plan 1: We set the criteria to the absolute white color value (255). However, we find that not all images have such exactly white point. Often we will see a nearly total black picture after detection, see Fig. 13.

(a) Before Detection   (b) After Detection

Fig. 13 Plan 1 for point detection

Plan 2: We set the criteria to be a range of white color value. More precisely, if a pixel's color value is in the range [255-EPS, 255], we mark it as a white pixel. The detection result is good at first. But sometimes, if the IR filter is not so bright, the result is bad, since no pixel has a color in the particular range. It is shown in Fig.14.

(a) Before Detection (b) After Detection

Fig. 14 Plan 1 for point detection

Plan 3: Finally, we use a relative white value as the range this time. Set the range to be [whiteLimit-EPS, whiteLimit]. WhiteLimit is the whitest pixel's color value in the image. The result here is good enough for this project, see Fig. 15.

(a) Before Detection (b) After Detection

Fig. 15 Plan 1 for point detection

(**Faculty Mentor:** Prof. Xu Qiang,
Participating institutions: The Chinese University of Hong Kong)

评审意见：该作品设计实现了一个具有声源定位功能的视频会议系统。该系统能够利用声音触发的红外发光二极管、两个接入基于 Intel® Atom™ 处理器的嵌入式平台的红外摄像头以及平台本身计算会场中发言者的方位，并将红外摄像头迅速指向该发言者。如果发言者发生变化，系统也将随之运动，始终保持聚焦发言者的功能。

A video conference which can focus to speakers is designed. The voice activated switch was used for signaling and two IR cameras were used for positioning. Using the position information, the system can focus to the speakers in the meeting room. When speaker moves, the webcam can turn left/right, turn up/down and zoom in/out to keep the speaker at the center of the photo.

互动式智能水族箱
Interactive Intelligent Aquarium

权 磊 赵 悦 皮 成

摘要：针对传统水族箱维护繁琐、电子宠物行为简单机械等诸多问题，本系统基于 EMB-4650 开发平台，采用 3D 即时渲染、水墨动画即时生成、手势动作识别、人工智能以及电机控制等多项技术，结合人机互动理念，实现了兼具水族观赏、喂食、戏逗、钓鱼等交互功能为一体的虚拟互动式智能水族箱，并实践了一种更自然的人机交互方式。

关键词：3D 即时渲染，人工智能，动作识别，人机互动，水墨动画

Abstract: In order to solve the problems of difficult maintenance of traditional aquariums and the mechanical behaviors of electronic pets, this system realized a virtual interactive aquarium with watching, hand feeding, teasing, virtual fishing and other interactive features, based on EMB-4650 development platform. The system used the technologies including real-time 3D rendering, China ink animation real-time generation, gesture, recognition, artificial intelligence, and motor control, , and achieved a more natural way of human-computer interaction.

Keywords：3D real-time rendering, Artificial intelligence (AI), action recognition, man-computer interaction, China ink animation

1 系统方案

为满足人们的家居装饰、水族观赏、宠物娱乐等需求，本系统采用基于 Intel® Atom™ 处理器的开发平台，结合计算机视觉、3D 实时计算和人工智能等技术，利用数字显示设备实现了一款能满足用户水族观赏需求、可通过自然手势投食、戏逗、钓鱼等方式实现人与虚拟的鱼类实现的互动的智能电子水族箱。方案的设计模型如图 1 所示。

系统以 EMB-4650 开发板为核心，扩展了 LED 显示器，摄像头、具有力反馈系统的钓竿，音箱和操作按键。摄像头作为系统交互的信息输入源，负责采集用户手势动作信息并传递给系统内部计算；LED 显示器负责将由系统计算产生的实时渲染数据转化成图像进行显示；力反馈电机模块用于模拟鱼上钩后挣扎时的力效果。按键用于系统的基本模式切换、选鱼及系统的开关控制。EMB-4650 开发板在系统中负责各部件之间的协调和核心计算。系统整体框架如图 2 所示。

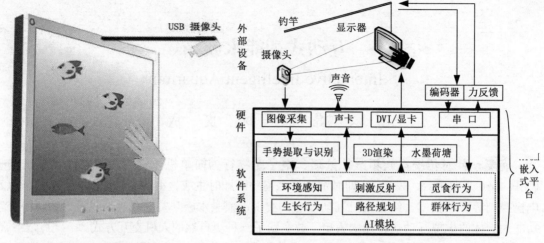

图1　系统方案概念模型图　　　　图2　系统整体方案框架图

系统设计为时尚的壁挂式水族箱,可以将嵌入式平台集成到显示器内部,使产品更加简约轻巧。华北工控的 EMB-4650 嵌入式工控板电气性能优越、及平台功耗低的特点也为水族箱长时间连续无故障稳定运行提供了保障。可以充分发挥基于 Intel® Atom™ 处理器的嵌入式平台体积小,功耗低,移动性强的优点。

2　功能与指标

2.1　场景模式选择和选鱼配置功能

为了满足不同用户的需求,系统提供了真实的 3D 水族箱场景和基于传统古典的水墨画风格的"水墨荷塘"场景,供用户选择。

3D 水族场景中,系统还提供了丰富的鱼类以及鱼类的介绍信息。用户可以根据自己的爱好选取自己喜欢的鱼类进行饲养,根据自己的意愿配置自己喜欢的水族箱。

2.2　水族观赏功能

3D 水族模式提供给用户一个接近自然真实的互动水族馆,真实的 3D 水下场景让用户体会到虚拟与现实的融合,展示一个几近真实的水族箱。对于喜欢水墨风格的水墨画的用户,水族箱的水墨荷塘场景,则给用户提供了新的观赏娱乐体验。

2.3　喂食功能

水族箱中的虚拟鱼类除了具有自然生长以及生活行为,还能对用户的手势作出反应,实现和用户的交互。当用户在显示器前方做出相应的喂食手势动作时,系统会在用户手的喂食点产生若干个鱼食,水族箱中鱼类便能感知到有食物产生,根据自身情况自主寻找并吃食。充分让用户感受到饲养水族箱鱼类的乐趣。

2.4 戏逗鱼儿功能

用户可以通过一般的手势动作戏逗水族箱中的鱼儿，当用户在水族箱前面挥手的时候，鱼会因为害怕而逃避手的位置或者躲藏到珊瑚或海藻后面。当用户将手长时间放在水族箱前面的时候，鱼还可能会对手比较好奇，过来探查。系统通过丰富而真实鱼类反应让用户体会到逗鱼的乐趣。

2.5 钓鱼功能

3D水族模式下，在用户拿起虚拟鱼竿并把鱼线拉到最长再放线钓鱼时，此时场景里会出现一个随着鱼竿移动的虚拟鱼钩。用户可以通过鱼竿来调节带鱼饵的虚拟鱼钩在场景中的位置进行钓鱼。当鱼吃到鱼钩时，鱼会剧烈挣扎并想要逃脱，此时用户可以通过鱼竿感受到鱼逃跑的拉力。系统通过真实的反馈系统，让用户体验到在家中钓鱼的乐趣。

3 设计与实现

3.1 背景分离与摄像头的改造

由于屏幕背景复杂，摄像头采集的图像复杂且变化快，不利于识别，经过探索，我们发现使用红外摄像头拍摄的LED显示器没有背景内容，而且红外波段显示器与手掌的对比度明显，因此可以采用红外摄像的方式剔除屏幕背景显示内容。普通的USB接口摄像头不能将整个屏幕收入视野，对摄像头进行广角改造则可以使摄像头能在较近距离将整个屏幕收入视野范围之内。

最终我们将USB摄像头进行了改造，去掉了原有的红外滤镜，增加了红外透镜，使摄像头只能拍摄红外光，并增加了红外光源，增加提取图像中手与屏幕的对比度。另外，我们用两片1200度的近视镜片对摄像头的光路系统做了改造，扩展了摄像头的拍摄范围，缩短了摄像头与屏幕的距离。改造原理图如图3所示。

3.2 手势提取与识别

3.2.1 摄像头的定标

为了将识别的手势点准确的映射到分辨率为1024*768的屏幕上，在利用红外摄像得到原始图像后，我们先对图像进行了失真校正，然后提取屏幕边界得到有效区域，通过仿射变换完成原始图像点到屏幕坐标的映射。

3.2.2 喂食点的识别

喂食交互中以接近真实喂鱼的手指反复搓动的动作作为喂食的识别手势。利用拓扑和连通域分割的方法，将提取的手势按照拓扑关系去除非连通的手指，截断提取手掌，试图找到最大的内含连通的非手区域，以其重心和手区域重心关系来判断左右手，最后从得到的手掌

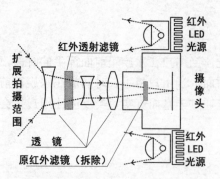  

图 3 摄像头改造原理图　　图 4 喂食点的提取　　图 5 指尖提取

的重心点和连通域根据启发式算法最终找到两手指的相交点。

根据两个互搓的手指是否连通划分为连通，非连通，跳变点三个状态，追踪手势状态变化以确定是否为喂食动作，所提取的手指相交点即为食物产生点。喂食点的提取识别效果如图 4 所示。

3.2.3　轰赶手势及中心的提取

在与鱼进行交互时最为常见的交互动作是轰赶。根据提取的手势位置变化范围及其变化速度确定手势的轰赶范围和速度，同时利用拓扑关系去除非连通的手指，找到"最大的"内含连通非手区域，最终确定手的重心作为轰赶源参数。

3.2.4　指尖手势的提取

在指尖提取的算法中，利用内接的正矩阵求出手掌重心点的位置，利用重心点对手进行极坐标展开，寻找到手指的延伸方向，利用手指尖点曲率比较大的特点，根据设定的曲率阀值搜寻曲率大于阀值的最大极值点集，即为在极坐标下手指尖的点集合，再将手指尖点集从极坐标下转换回正交坐标系中的位置，即可提取五个手指尖的位置。手指尖提取的效果图如图 5 所示。

3.3　鱼类智能的实现

为了实现鱼类的自然生存状态以及对外界刺激的真实的反应，需要建立鱼类智能模型，最终决定鱼的游动状态。智能模型中，鱼应该能对有利刺激表现出趋性，对危险刺激表现出躲避行为，并且要求鱼的运动平滑自然。

最终我们采用了"势场法"实现鱼类智能，具体模型为力学模型，将鱼对环境感知信息转化为作用在鱼身体上的力，所有的感知信息返回一个力，采用基于优先级的截断估计方法计算决策合力，进而改变鱼的游动状态。采用力学模型，力的突变不会导致速度和方向的突变，而且计算量小，适合系统需求。

3.4　渲染

3.4.1　水墨荷塘的渲染

由于用户的需求不同，我们设计了水墨荷塘场景，并加入鱼运动时的水墨扩散尾迹效果。

选择了图像视觉库 OpenCV 来实现的,该模块采用以像素为中心的圆作为构成水墨鱼基本元素,利用图像拼接技术和代码动态生成鱼身及其相关部位的动作反应。

为了动态生成水墨鱼的形态,在生成算法中采用了 Sin 函数曲线的一半作为整个鱼身的基本框架,在确定鱼身的基本框架中,采用以像素点为圆心的圆作为鱼身的基本组成单元,根据水墨画中水墨鱼的形态特点,结合图像拼接技术,以不同半径的圆最终拼接成整个水墨鱼。

荷塘背景则由一副水墨纹理背景、荷叶以及水墨波纹组成。水墨纹理和荷叶由程序在初始化时载入作为初始背景。动态水墨波纹的实现利用 Matlab 软件模拟出的高度图像,通过在程序中添加一个计数器作为模拟帧速,动态的叠加改变高度图像,从而实现了水波纹的波动效果。

3.4.2 3D 渲染

采用开源 3D 渲染引擎 Ogre 来完成渲染工作。该引擎渲染质量好,功能丰富强大,扩展性好,能根据硬件性能合理优化渲染,并提供了基于多种指令集的优化,可以针对本平台的 SSE/SSE2/SSE3 指令集进行优化,能够更充分的利用平台的 CPU 计算资源。

借助专业三维建模软件 3DSMAX 制作模型,利用控制器控制模型形状变化生成模型动画,并为模型添加贴图纹理。场景采用动态透明贴图实现,利用材质脚本实现渲染时贴图透明效果以及动态效果。利用 Ogre 提供的模型导出插件 Ogre-MaxExporter 将制作好的 3D 鱼模型以及场景导出为引擎可以直接调用的文件。如图6所示。

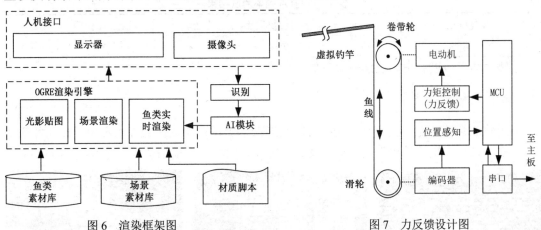

图 6 渲染框架图　　　　　　　图 7 力反馈设计图

帧循环中,每帧渲染时先处理帧监听内容,判断并处理用户操作,并在帧监听里完成线程间的通信和数据交换。完成鱼的 AI 的更新和食物位置的更新。这里采用了 framerenderQueued() 方法,在帧进行渲染的时候,处理完毕送显卡渲染时,CPU 不必等待渲染完毕之后再进行下一帧的计算,而是直接对已排队的下一帧的数据进行计算,这样充分利用 CPU 计算资源,提高了画面流畅度。

3.5 力反馈钓竿的实现

为了让用户钓鱼时能感受到鱼上钩后挣扎的力,我们设计了一个力反馈系统提供反向力矩。力矩反馈系统检测鱼竿的位置确定虚拟鱼钩的位置。并能根据上位机的信息对鱼竿提供力矩。

利用旋转编码器感知鱼线的长度变化,用单片机统计旋转编码器的脉冲来确定虚拟鱼钩的位置。采用串口与主机通信。利用直流电机力矩与电流大小成正比的原理,通过改变电流大小控制电机提供不同的力矩,模拟真实的鱼挣扎的力。设计方案如图7所示。

4 系统测试

4.1 测试环境

测试硬件平台为基于Intel® Atom™处理器的EMB-4650开发板,硬件配置均为标准配置,测试系统环境为Windows XP SP2。

4.2 帧速和识别率测试

3D渲染帧速的测试结果如下:

全屏模式1024*768分辨率下,最佳渲染帧速为33fps,最低渲染帧速18fps,平均帧速为25fps。渲染效果基本流畅。

为了验证识别的准确性,我们针对识别程序进行了相关测试,通过对3人进行测试,平均识别指标如表1。

表1 识别准确率测试结果

喂食点正确率	手指尖提取率	轰赶识别率
85%	75%	98%

由测试结果可以看出,识别效果良好。

4.3 功能和稳定性测试

为了验证系统功能,我们对系统的各项功能做了测试,测试认为基本实现了预期各项功能。水族场景和水墨场景和鱼类互动以及钓鱼等互动的测试效果如图8、图9、图10所示。

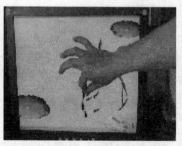

图8 水族场景喂鱼测试　　图9 水墨场景喂鱼测试　　图10 钓鱼测试

为了验证系统的稳定性,针对系统进行了稳定性测试。模拟正常使用环境,连续运行3小时,系统运行稳定状况良好。

5 特色与创新

本系统基于手势识别和实时渲染显示,提出了一种更为真实和自然的人机互动方式,实现了一款全新的娱乐交互系统,相比类似的虚拟电子产品,我们的方案具有如下创新和特点:

提供了逼真灵动的 3D 热带水族场景和传统的水墨荷塘场景,给用户带来了炫目新颖的视觉感受。

提出了一种更自然的人机交互方式。用户可以通过习惯的手势与虚拟水族箱中的鱼进行喂食,轰赶,戏逗等互动娱乐。

用户可以通过钓竿控制虚拟鱼饵垂钓,并在鱼上钩后能感受到鱼的挣扎力,更具真实性和趣味性。

系统采用基于力场模型设计虚拟鱼的智能行为,采用自主设计的手势提取识别算法在复杂场景中对特定手势进行提取识别,具有一定的科研价值和技术含量。

系统设计为时尚的壁挂式水族箱,将嵌入式平台集成到显示器内部,在移动和便携方面具有很大优势。

采用针对 SSE 指令集优化的 OGRE 图像渲染引擎,充分发挥了 Intel® Atom™ 处理器的计算性能,保证了画面品质和渲染流畅性。

系统功能的可扩展性强,通过扩展网络模块,实现多个用户的网络平台互动。

(指导教师:谢 楷 参赛院校:西安电子科技大学)

评审意见:本作品创意很好,用屏幕做成虚拟鱼缸,用嵌入式板提供图形和人机交互,该交互基于手势识别,通过改造摄像头,完成红外图像识别处理,实现喂鱼、轰赶效果。作品还设计了力反馈钓鱼系统,实现了虚拟现实和真实世界的交互。

水质远程分析智能化环保系统
Remote Intellectualized System for Water Quality Analysis

张雁冰　曾艾媛　黄虎才

摘要：基于 Intel® Atom™ 处理器和 Moblin 嵌入式操作系统，设计了融合生物监测和移动监测的水质远程分析智能化环保系统。本系统利用动态图像处理技术分析视频帧中鱼的活动状况，据此对水体的污染程度进行综合分析；通过对监测船的远程控制，实现不同水域水质参数的测量。生物监测和移动监测两种方法的相互融合，建立了水域全方位覆盖的实时监控网络。测试结果表明，系统具有生物监测、监测船自动控制、测量数据远程传输及存储、障碍物检测、GPS 定位等功能。系统具有高可靠性、高实时性、测量精确、价格低廉等特点，有较好的推广应用价值。

关键字：水质分析，智能化，生物监测，移动监测

Abstract：The remote intellectualized system for water quality analysis is based on Intel® Atom™ Processor and Moblin operating system. The system can analyze the water polution through the motion of fish in the video frame by dynamic image process technique. It can measure the water parameters in different areas by remote control of the monitoring boat. The combination of mobile monitoring module and biological monitoring module gives the system a realtime full coverage in monitoring water area. Moreover, the system is armed with such functions as obstacle detection, GPS positioning and automatic control for the ship. The system has many advantages like high reliability, ease of installation and low cost characteristics, and has even good application value.

Keywords：Water Quality Analyzing, Intellectualized, Biological monitoring, Mobile monitoring

1　系统综述

1.1　系统综述

本系统采用电化学传感器和图像处理技术，实现了生物监测、监测船自动控制、测量数据远程传输及存储、障碍物检测、GPS 定位、科学决策等功能。其中，每一个监测节点由两个模块组成，一是生物监测模块，二是移动监测模块，系统实现的功能如图 1 所示。

图1 系统功能框架图

生物监测是水体安全保护和应急监控中的重要环节。鱼类等生物的生存情况能直观、综合地反映水质指标。对水体鱼类活动情况的观察可实现对水体安全性的有效监测。本模块采用计算机视觉跟踪技术、计算机图像处理技术、网络通信技术，对水体的综合污染指标进行在线实时监测，从而判定水质的污染等级。

移动监测具有高机动性、高准确性、高应急性、测试范围广等特点。监控中心通过2.4GHz无线发送模块对无人船实施远程控制，同时采用电子地图、GPS定位获取水域地理信息，船体采用超声波测距，实现避障功能。监测船上携带电化学传感器，实现对水污染指标的实时测量，并将测量数据上传给监控中心进行分析和处理，进而自动做出科学决策。

生物监测和移动监测的结合，弥补了传统的监测方法在实时性、准确性、应急性、多样性等方面的不足。实践表明，本系统能有效对水污染指标进行监测，并完成科学决策功能，在水质监测领域具有很高的应用价值。

1.2 系统总体组成

1.2.1 系统硬件组成

本系统硬件组成主要包括：核心监控模块、生物监控模块、水质信息采集模块、监测船控制模块、无线数据传输模块。系统硬件结构框架如图2所示。

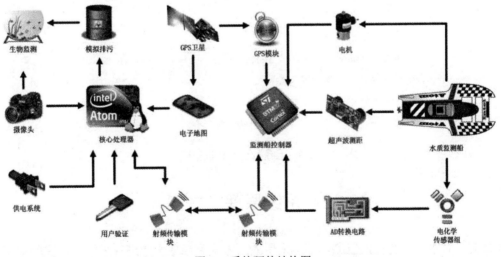

图2 系统硬件结构图

其中，核心监控模块负责对监测船采集到的水质信息进行存储、分析，并通过电子地图、GPS定位模块、超声波测距模块、2.4GHz无线发送模块等对监测船实施远程控制。

生物监测模块通过对水体中的生物活动情况进行视频监测，实现水体污染情况的定性分析。采用高级图形语言建模，对生物的活动特性做定性的语义描述。

水质信息采集模块由电化学传感器组（包括pH值传感器、溶氧量传感器、温度传感器、氨氮传感器、盐度传感器、硬度传感器等）、A/D转换电路、信号分析电路、射频传输电路等部分组成，装载在监测船上，实现对指定水域水质的监测，并将监测到的数据发送回监控中心。

监测船控制模块由船载的电子调速器、无刷电机、舵机等部分组成，通过核心处理器（Intel Atom）控制数字电位器实现步进调速、调向。

无线数据传输模块由传输控制信号的2.4GHz无线收发电路和传输测量信号的射频传输电路组成，两者传输频率不同，控制信号和数据信号不会互相干扰。

1.2.2 系统软件组成

本系统软件采用嵌入式QTE图形用户界面应用程序框架，以及OpenCV开源视觉库。操作系统基于Moblin内核，采用Grub作为主引导程序。摄像头驱动使用Ov511芯片组驱动，接口为V4L(Video for Linux)，与网络的交互采用Linux系统的Socket库。程序的显示采用QTE以及OpenCV的GUI库，使用FrameBuffer接口。系统软件结构框架图如图3所示。

图3 系统软件结构框架图

2 系统原理及方案

目前，对水体安全性的监测，都是采用人工方式到当地水域进行采样，在实验室对取得的水样进行传统的理化分析。这种水质监测方法存在着智能化水平低、成本高、实施难度大、测量范围小等不足。本系统针对上述问题，结合生物监测和移动监测的特点，开发一种经济性好、智能化水平高、实时性高、快速可靠的水质监测系统。

2.1 生物监测模块的系统实现

本模块运用形象演绎创新技术，将水污染情况用高级图像语义加以描述，如图 4 所示。水质的污染状况以指示生物的活动状况反映出来。

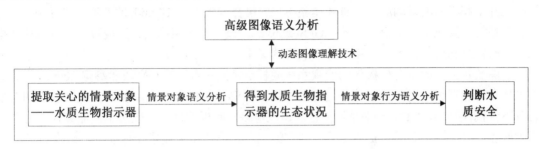

图 4　高级图像语义分析过程

由于指示生物的活动状况可以通过高级图像语义的方式表达出来，水质的监测和水污染的分析就可以转换为对水质视频高级图像语义的分析。在建立关联模型时，可以设定一些情景语义，通过情景中对象的语义和行为语义来表达事件。以鱼类为水质生物指示器为例，生物式水质监测中可以设定如下几种情景语义：

(1) 在正常水质中，鱼类正常游动；
(2) 在水体发生污染时，鱼类会出现短暂的疯狂游动等现象；
(3) 在污染水体中，鱼类出现死亡；
(4) 在水体严重污染时，鱼类出现大面积死亡等。

在这些设定的情景中，对象——鱼类可以在视频图像中表现出其生态状况，其生态状况可以通过高级视频图像语义来描述，并且由此得到对象的行为语义，表征水质的变化情况，如图 5 所示。

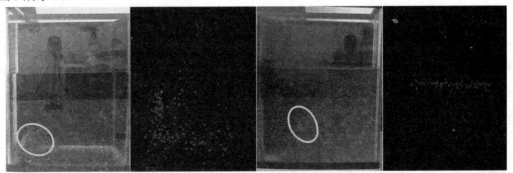

图 5　水质变化和鱼类生态状况的关系(左：清水，右：污水)

2.2 移动水质监测的系统实现

2.2.1 水质测量参数采集方案

水质测量参数采集系统主要由安置在监测船上的各种电化学传感器（包括 pH 值传感器、

溶氧量传感器、温度传感器、氨氮传感器、盐度传感器、硬度传感器等）、传感器信号处理电路模块及 A/D 转换电路组成，负责采集待测区域水质的各种参数信息。电化学传感器分为两组，分别架设于船体两侧。

2.2.2 水质监测船控制方案

水质监测船使用竞速模型船船体，由 9V-9Ah 电池组为 3600K 无刷电机和船用舵机供电，使用三叶桨和吸水舵推动船体前进和调整方向，可在静水中以 10km/h 的速度行驶 3 小时。船体船载系统主要包括下位机控制器、GPS 定位器、超声波测距模块、无线数据传输模块及电化学传感器组和传感器调理电路。其安装方式如下：

主船舱正上方固定有机板作为船载系统底板，底板左右两侧分别较船身宽 20cm，用于架设电化学传感器组。有机板与船体用螺栓固定，以确保内舱密封性。船载系统底板上固定安装有下位机控制器，GPS 定位器和传感器调理电路。底板四周固定安装上层舱壁，上方装有活动舱盖，以便调试。船体正前方装有超声波测距模块，用来测量船体前方障碍物的距离。

2.2.3 数据传输模块

无线数据传输模块由传输控制信号的 2.4GHz 无线收发电路和传输测量信号的射频传输电路组成。

射频传输电路发射功率可达 20mW，采用循环交织纠检错编码，最大可以纠正 24bits 的连续突发错误，其编码增益高达近 3dB，纠错能力和编码效率均符合系统需要的信号传输要求。电路采用 USART 接口输入/输出信号，便于与上位机和下位机控制器连接。

3 系统测试

3.1 测试方案

系统测试包括移动船体测试和生物监测测试。移动船体测试，对上位机系统的船体控制部分软件的执行进行测试，并测量下位机移动船体响应，以确定其稳定性、实时性、可靠性等相关指标。生物监测测试，对监控中心的生物监测部分软件的执行进行较大规模的测试，并统计分析生物特性，查看相关功能，以确定其稳定性、可用性、可靠性等相关指标。

3.2 测试内容

移动船体测试内容包括：船体是否能够正确控制，对方向控制的响应是否正确，并测量无线传输的稳定性与可靠性；船体是否能够对障碍物进行正确判定；船体所用 GPS 是否能正确定位；船体上架设的各类传感器是否能准确对水质的状况进行测量，并正确的回显数据，对异常情况进行及时的预警处理。

生物监测测试内容包括：系统是否能根据生物活动状况判断水质污染情况；在水质已经污染的情况下，系统是否能自动判别污染等级。

3.3 测量结果与分析

移动船体测试结果如下:核心控制器对船体的控制可靠性高于95%;超声波测距的距离误差在2%以内;船体GPS定位误差在0.001%以内;船体架设的各类传感器的测量结果与理化测量结果比对后,各类传感器的测量结果误差均在6%以内,测量精度优于3%。测量结果表明,本系统移动监测模块运行效果良好,核心控制器对船体的控制非常可靠,船体能够正确判定障碍物的距离以及正确定位,水质测量可以达到较高的准确率,测量数据能够正确发送到核心控制模块,对异常情况能够及时预警处理。

生物监测测试则是通过对比测试,对比不同水质情况下,鱼类的活动情况,从而判别水质综合污染指标。如图6、图7、图8、图9所示。

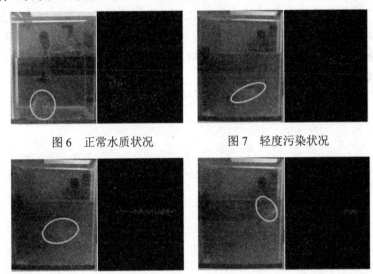

图6 正常水质状况　　图7 轻度污染状况

图8 中度污染状况　　图9 重度污染状况

结果表明,本系统生物监测模块能根据生物反应,及时准确地判断水质类型(正常水质、轻度污染、中度污染、重度污染),并能自动区分出水质污染等级。

3.4 测试结论

测试结果表明,系统各模块运行效果良好。移动监测船在直径为500m的范围内有效控制率高于95%,可实现对障碍物的有效躲避。电化学传感器测量数据通过与传统理化测量方法得到的数据进行对比矫正,误差均在合理范围之内。生物监测的测试结果表明该模块可对水体污染进行定性分析,可有效判断水体污染等级。

总体来讲,本系统可以应对多种突发型、隐蔽型水污染事故,快速准确地对水体污染情况进行监测。

4 系统总结

本系统采用动态图像处理技术实现了生物监测功能,从而对水体的污染程度进行定性的分析判断，并利用无线通信手段对水质监测船进行远程控制，进一步实现了移动式水质监测。通过对以上两种方法有机结合，本系统建立了监测水域全覆盖的实时监控网络。测试结果表明，系统具有生物监测、监测船自动控制、测量数据远程传输及存储、障碍物检测、GPS 定位、科学决策等功能，系统测量精度优于 3%，系统具有高可靠性、高实时性、测量精确、价格低廉等特点。

当然，本系统还存在许多需要完善的地方，例如采用多样化的生物种类，水质测量精度的进一步提高等。相信本系统采用的生物监测和移动监测结合的方法，对水质监测技术的发展会产生推动作用，且具有一定的推广应用价值。

（指导教师：赵小强　参赛院校：西安邮电学院）

评审意见：该作品运用电化学传感器和数字图像处理技术，实现了生物监测和移动监视相结合的目标，有效地对水污染程度进行了监测。操作系统采用 Moblin，并用 Grub 作为主引导程序。由于条件限制，未下水测试，但模拟船体控制的电机和舵工作正常，水质参数的测试，显示及无线传输功能正常。

反恐战车

Counter-terrorist Vehicles

杨 川　王海波　田登尧

摘要：本设计针对当前反恐领域的需要，实现了一款基于 WiFi 无线视频遥控的智能作战小车，可由操控员远端遥控激光定位电磁炮对罪犯实施攻击，用遥控机械手排除危险物品。系统由前端智能车和后台控制终端组成，智能小车由 Atmega16 及 PXA272 双处理器联合控制，后台控制终端以基于 Intel® Atom™ 处理器的嵌入式平台为核心。控制终端运行在 MeeGo 操作系统下，通过 Qt 图形化界面以及多功能摇杆以实时视频方式实现对智能机器人的运动控制、摄像头和电磁炮的双云台方向控制。除此之外，智能小车还可实现罪犯人脸的检测及自动跟踪。

关键词：MeeGo，智能机器人，人脸识别及跟踪，电磁炮，JPEG 编码

Abstract: Aimed at the current fight against terrorism, the system implements a Wi-Fi-based intelligent wireless video remote controlled combat car. So operators can remotely control laser positioning electromagnetic guns on criminals attack, or remotely control robot to remove dangerous goods. The system consists of intelligent robot car and control terminal. The intelligent robot car is jointly controlled by Atmega16 SCM and PXA272 processors, and the control terminal is based on the Intel® Atom™ processor based embedded Platform. In detailed, the control terminal is based on the MeeGo OS, which can control the robot car's movement, camera and electromagnetic guns' Pan & Tilt by Qt GUI, Multi-function joystick and Real-time video. In addition, the system has implemented the functions of face detecting and tracking.

Keywords: MeeGo, intelligent robot, face detecting and tracking, electromagnetic guns, JPEG encoding

1 系统方案

如图 1 所示，本系统主要分为两个部分：前端智能机器人和后台控制终端，两个部分通过无线网络进行通信，实现了控制终端远程对机器人的遥控。前端智能机器人，主要实现了对智能机器人运动、摄像头、电磁炮等模块的控制，以及实现服务器程序来建立与控制终端的连接，并响应控制终端的相应命令；后台控制终端，实现了一个 GUI 程序，并辅助飞行摇杆等人机交互工具，实现对智能机器人各个模块的遥控，操作简单。

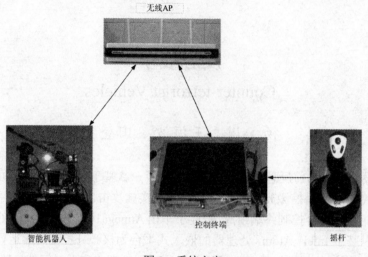

图1 系统方案

2 功能与指标

2.1 远程控制

(1) 运动功能：在基于 Intel® Atom™ 处理器 Z510P 的控制终端上，可以通过 Qt 图形化界面或飞行摇杆来实现对智能机器人的运动控制，包括前进、后退、左转、右转和停止。

(2) 云台控制功能：在智能机器人上，一共有两个云台：一个用于控制摄像头，另一个用于控制电磁炮。云台的移动包括水平方向和垂直方向，其运动区间在-90°~90°之间。

2.2 图像采集及显示

通过智能机器人上的摄像头，可以采集分辨率为 320*240 的彩色图像，采集后的图像通过 Xscale PX272 嵌入式控制板将图像压缩成为 Jpeg 格式，然后通过无线网络，将图像传输到控制终端上，实现图像实时显示。

2.3 人脸识别及跟踪功能

在手持式控制端上，对于采集到的实时图像，采用 OpenCV 中的人脸识别算法和颜色识别算法，可以找出图像中出现的人脸。在发现人脸后，就可以通过识别人脸中心与图像窗口中心位置的偏差，自动调节智能机器人摄像头云台位置，来实现目标的跟踪功能。

2.4 电磁炮

电磁炮垂直和水平方向的云台的运动为 0~180°，步长约为 1°，电磁炮的直线射程约有 1m。[注：在这里我们仅仅实现了电磁炮的原型，受限于硬件，其射程有限，如果电压足够大，射程会大大提高。]

2.5 运动参数采集

在控制终端上，获取的运动参数包括超声波前后物体的检测(精度为厘米，测试范围为0.1～3m)、智能机器人重心的 X、Y 角度(精度为 float，测试范围为-90°～90°)、PSD 障碍物检测(精度为厘米，测试范围为 0.2～1.5m)、左右轮速度检测(精度为 1cm，测试范围为 0～47cm/s)。

3 实现原理

3.1 系统硬件

反恐战车系统包含两大部分：控制终端和智能轮式移动机器人；控制终端采用大赛所提供的运行 MeeGo 操作系统的 EMB-4650 工控主板，智能轮式移动机器人采用智能轮式机器人硬件平台。智能轮式移动机器人包含三大模块：底层单片机控制平台、上层嵌入式控制平台和电磁炮控制模块，如图 2 所示。

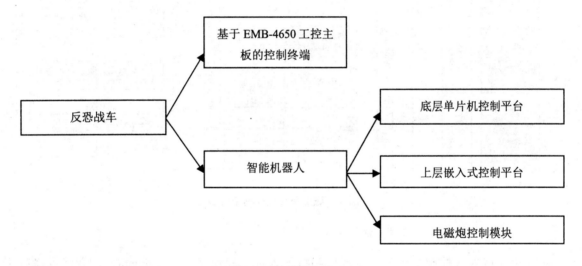

图 2 系统硬件框图

3.1.1 底层单片机控制平台

智能机器人为 4 轮驱动车轮形移动机器人，配有 4 个 DC 直流马达及多种传感器，具有卓越的旋转能力和稳定性好的特点。底层单片机控制平台利用高性能 MCU ATmega128L 芯片通过传感器采集当前的状态及驱动 DC 马达进行移动。外形如图 3 所示，整个平台的构造如图 4 所示。

图 3 底层单片机控制平台

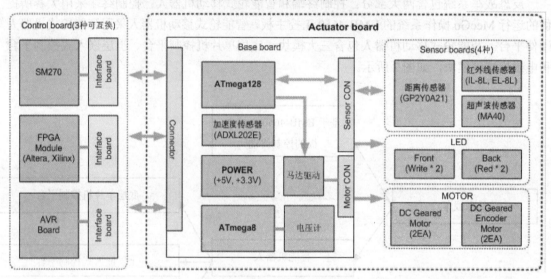

图 4 底层单片机控制平台结构

3.1.2 上层嵌入式控制平台移动平台硬件组成

上层嵌入式控制平台包含智能板和机器人视觉模块（CCD Camera），智能板搭载了 520MHz PXA272 32bit 嵌入式处理器和用于视频处理的 FPGA，作为机器人的大脑。机器人视觉模块(CCD Camera 模块)搭载了 CCD 摄像头，负责机器人的视觉信息输入，装载使用 2 个直流伺服马达的 Pan/Tilt 云台用于控制机器人眼睛的方向。Pan/Tilt 云台在智能板中直接控制，摄像头中获取的视频图像被传输到智能板的视频图像处理部。

3.1.3 电磁炮控制模块

电磁炮控制模块如图 5 所示，主要由主控部分、电磁炮驱动部分、接口部分、滤波电容部分组成。

电磁炮用的是 STC 公司的单片机，型号为 STC12LE4052AD，采用 3.3V 供电，该单片机具有功耗低，下载方便等特点，它采用的是串口下载程序，该单片机还带有硬件 SPI，PWM

产生，8 路 AD 模拟信号等特殊功能。本设计主控部分主要是用来控制电磁炮的发射，激光灯的开启，以及炮台舵机的运动等。

图 5　电磁炮模块

3.1.4　控制终端

如图 6 所示，控制终端采用大赛所提供的 EMB-4650 工业级主板，系统采用大赛所提供的 MeeGo 操作系统。其他硬件有：10.4 英寸 Toshiba-J104sn03v0 Lvds 液晶屏及相关配件，用于图像显示，具有低功耗的特点；触摸屏用于接收输入，具有良好的人机交互性；飞行摇杆用于控制机器人的运动，具有良好的操控性；存储采用 KingFast 16G 固态硬盘，具有存储速度快和低功耗的特点。

图 6　控制终端外形

3.2　系统软件

本系统软件部分也可以分为两个部分，即智能机器人上的底层控制程序和控制终端的上层控制程序。其中，智能机器人上的底层控制程序又可以分为底层单片机控制程序、上层嵌入式控制平台程序和电磁炮控制程序。

底层单片机控制程序通过程序实现了对智能机器人马达的控制；实现了加速度、超声波、PSD 传感器的控制，同时，与智能机器人的上层嵌入式控制平台程序进行通信。

上层嵌入式控制平台，第一，移植了 Linux2.6 操作系统，通过操作系统能够有效地对各个硬件模块进行控制；第二，实现了对摄像头云台垂直和水平方向上的控制；第三，通过编程实现摄像头驱动程序和 JPEG 图像压缩算法，实现了图像采集的功能；第四，移植 TP-LINK 无线网卡，通过套接字建立与基于 Intel® Atom™ 处理器的嵌入式平台的通信，实现了对智能机器人的控制，通过对 Atmega16 单片机进行编程，实现了对电磁炮云台、电磁炮发射、激光灯和温度传感器的控制。

控制终端的上层控制程序，使用 Qt 编写，使得程序具有良好的人机交互功能。具体的程序可以分为智能机器人控制程序、智能机器人数据采集程序以及智能机器人的图像处理程序。智能机器人控制程序，基于事先定义好的通信协议，并通过无线网络，发送特定的命令给智能机器人上的控制程序，来实现对智能机器人运动、摄像头云台运动和电磁炮的控制；智能机器人数据采集程序，周期性地获取智能机器人的运行参数；图像处理程序，完成对无线传送过来的图像的实现显示，通过 OpenCV 实现人脸的检测和对人脸的动态追踪。

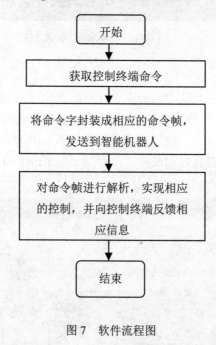

图 7　软件流程图

4　系统测试

4.1　传感器参数测试

4.1.1　超声波传感器

如表 1 所示，超声波测距具有一定的误差，容易受环境的影响，不同材质的障碍物，会有不同的吸收超声波的效果；但此精度完全可以应用于避障。

表1 超声波测距测试

方向	实际距离	测得距离
前方障碍	54cm	62cm
后方障碍	49cm	42cm

4.1.2 PSD距离传感器测距

测其准确度，如表 2 所示，PSD 距离传感器的精度很高，可以满足用 PSD 精确测距的应用。

表2 PSD距离测试

实际距离	测试距离
25cm	22cm

4.1.3 加速传感器测试

如表3所示，各种测试数据，其对应的实际图片如图8、图9、图10、图11，从表中可以看出，加速度测量倾角具有一定的误差。

表3 加速度传感器测试参数

测试方向	实际角度	测量角度	对应图片
上坡	19	17.1224	图8
下坡	18	15.1224	图9
左倾	20	20.6543	图10
右倾	20	17.7359	图11

图8 左倾测试

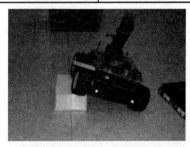

图9 右倾测试

图10 上坡测试

图11 下坡测试

4.2 JPEG压缩传输性能测试

JPEG压缩传输是整个系统的一个核心，它的性能关系着整个系统实时性，同时由于它的处理传输数据量大，所以它的实时性也是最难实现的。采用的图片为 320*240 像素，压缩质量选择在50%，大小控制在15KB内，图片效果如图12所示。

图12　JPEG图片压缩质量

通过有线网传输该质量JPEG图片，帧率为12fps，通过无线网络传输该质量JPEG图片，帧率会有所降低，约为9fps，具体对比如表4，通过表格可以看出有线网络明显快于无线网络，不过最终要采用无线网络传输，即帧率为9fps，实时性偏低一点，但是可以满足需求。

表4　JPEG压缩传输测试

传输类型	帧率	带宽
无线网络	9fps	USB1.1 12Mbps 无线网卡
有线网络	12fps	100Mbps 有线网卡

4.3 动态目标跟踪测试

基于 openCV 人脸检测动态目标跟踪测试，有以下条件，人脸的像素大于 30*30，由于opencv XML库的限制，人脸的偏向不能超过15度，如图13、图14、图15、图16为人脸检测测试图，说明如表5所示，结果表明，在这个条件下，识别准确，满足需求。

表5　动态跟踪测试结果

人脸位置	检测结果	图片
正脸（前面）	检测到	图13
侧脸（左侧）	检测到	图15
侧脸（右侧）	检测到	图16
正脸（后面）	检测到	图14

图 13　正脸前面　　　　　　　　　　图 14　正脸后面

图 15　左侧脸　　　　　　　　　　　图 16　右侧脸

5　系统特色

反恐战车智能机器人完成了预期的目标，具有以下特色：

(1) 控制端采用最新的 MeeGo 平台，人机界面友好，操作简单方便，系统资源占用较少，实现了图像的处理，充分发挥了 Intel® Atom™ 处理器 Z510P 的性能。

(2) 能够对人脸进行识别和动态跟踪。

(3) 采用摇杆进行输入，能够对智能机器人进行灵活地控制，具有良好的人机交互性。

(4) 通过电磁炮对目标进行打击。

(5) 控制端通过无线网络，能够准确地对智能机器人进行控制，智能机器人运动灵活，能够实时获取相关运动参数和判断障碍物。

(6) 对摄像头采集到的视频进行 JPEG 压缩，经无线传输后，实时显示并保存。

（指导教师：杨　斌　参赛学校：西南交通大学）

评审意见：该作品由基于 PXA272 的轮式移动智能机器人和基于 MeeGO 平台的控制终端两部分组成，两部分通过无线网络进行连接。轮式机器人包括主动闭环、控制系统、摄像头云台、电磁炮及其控制。控制终端通过 Qt 图像界面和摇杆对机器进行控制，同时对监视的实时图像进行人脸跟踪。系统体系结构清楚，作品有一定的创意。